量子计算
实战

Quantum
Computing
IN ACTION

[比] 约翰·沃斯 (Johan Vos) 著

张云翼 译

人民邮电出版社
北 京

图书在版编目（CIP）数据

量子计算实战 / （比）约翰·沃斯（Johan Vos）著；
张云翼译. -- 北京：人民邮电出版社，2025.1
ISBN 978-7-115-61847-4

Ⅰ．①量… Ⅱ．①约… ②张… Ⅲ．①量子计算机
Ⅳ．①TP385

中国国家版本馆CIP数据核字(2023)第096143号

版 权 声 明

◆ 著　　　　[比] 约翰·沃斯（Johan Vos）
　 译　　　　张云翼
　 责任编辑　郭泳泽
　 责任印制　王　郁　焦志炜
◆ 人民邮电出版社出版发行　　北京市丰台区成寿寺路 11 号
　 邮编　100164　电子邮件　315@ptpress.com.cn
　 网址　https://www.ptpress.com.cn
　 三河市君旺印务有限公司印刷
◆ 开本：800×1000　1/16
　 印张：16　　　　　　　　2025 年 1 月第 1 版
　 字数：336 千字　　　　　2025 年 1 月河北第 1 次印刷
　 著作权合同登记号　图字：01-2022-1637 号

定价：79.80 元

读者服务热线：(010)81055410　印装质量热线：(010)81055316
反盗版热线：(010)81055315
广告经营许可证：京东市监广登字 20170147 号

内容提要

在加密、科学建模、制造物流、金融建模和人工智能等领域，量子计算可以极大提升解决问题的效率。量子系统正变得越来越强大，逐渐可用于生产环境。本书介绍了量子计算的思路与应用，在简要说明与量子相关的科学原理之后，指导读者实现量子计算算法。本书将带领读者使用基于 Java 的 Strange 量子模拟器编写量子程序，并探索量子位和量子逻辑门。在介绍标准 Java 和构建工具创建量子算法的同时，本书还引入了有趣的示例和深入的解释。

本书适合对量子计算、量子编程感兴趣的计算机专业和从业人员，以及其他有 Java 编程基础的人阅读。

序

1995 年，我开始在荷兰代尔夫特理工大学准备我的博士论文。我的工作主要集中于声波方程，需要将理论模型与实验数据结合起来，这当然就需要做些数据处理和可视化方面的工作。大约同一时间，名为 Java 的编程语言问世了。Java 对不同平台的可移植性，使我可以容易地创建具有用户界面的应用程序，并在我研究的各种平台上执行程序，这使得 Java 对科学工作者很有吸引力。

但是我突然想到，科学界与信息技术领域存在着巨大不同。科学研究人员常常试图找到难题的答案，而信息技术人员则致力于将科学成果实现出来，并处理可伸缩性、故障转移、代码复用，以及面向函数或对象的开发等问题。通常，科学家提出的想法和模型需要信息技术人员实现。科学家不需要担心单元测试，信息技术人员也不需要了解物理中的标准模型，但二者的交接应该是平顺的。

我有幸经常与长期对量子计算感兴趣的 Java 专家 James Weaver 共同演讲。鉴于我的科学背景，他曾邀请我共同介绍量子计算。

对主题有基本的了解通常对演讲有所帮助。虽然我研究过声波方程，但量子计算完全不同，因此我强迫自己学习量子计算。学习一个概念的最好方法就是去使用它，为了解量子计算，我用 Java 创建了一个名为 Strange 的量子计算模拟器。后来，我逐步增加了 Strange 的功能。通过实现量子计算程序，我更好地理解了它对开发者的意义。

我注意到科学家与开发者通常面对不同的问题，在量子计算领域也是这样。我认为量子计算的重大挑战之一，是为现有开发者找到使用量子计算的方法，而无须让他们了解背后的物理原理。但反过来说，要想提出使多个领域取得进步的伟大算法，通常需要对现代信息技术开发有很好的理解。

我相信量子计算可以为医疗保健和安全等多个领域带来重大突破。通过本书，我希望向开发人员解释，如何在无须成为量子物理学专家的前提下从量子计算中受益。

致谢

感谢家人一直以来的支持和耐心，他们给了我写作本书的机会。

感谢 Gluon 的同事的支持，尤其是在许多技术方面的支持。来自 Java 和 JavaFX 社区的持续支持和鼓励也促使我将本书写成一本对开发人员有用的书。

非常感谢帮助我实现这本书的 Manning 团队。我要特别感谢 Mike Stephens、Andrew Waldron、Dustin Archibald、Alain Couniot、Jan Goyvaerts 和 Candace Gillhoolley 提供的知识和指导。我还要感谢 Tiffany Taylor、Keir Simpson、Melody Dolab、Meredith Mix 和 Andy Marinkovich 为制作本书提供指导，并致力于使本书做到最好。

过去几年的形势很令人紧张。我们生活在一个新奇的时代，科学工作变得比以往任何时候都更加重要。研究量子计算使我深入了解自然的奥秘。我非常感谢所有致力于理解和解释基本自然概念的科学家，使硬件和软件开发人员可以根据这些新想法获益。

感谢所有评阅人：Aleksandr Erofeev、Alessandro Campeis、Antonio Magnaghi、Ariel Gamino、Carlos Aya-Moreno、David Lindelof、Evan Wallace、Flavio Diez、Girish Ahankari、Greg Wright、Gustavo Filipe Ramos Gomes、Harro Lissenberg、Jean-François Morin、Jens Christian Bredahl Madsen、Kelum Prabath Senanayake、Ken W. Alger、Marcel van den Brink、Michael Wall、Nathan B. Crocker、Patrick Regan、Potito Coluccelli、Rich Ward、Roberto Casadei、Satej Kumar Sahu、Vasile Boris、Vlad Navitski、William E. Wheeler 和 William W. Fly。你们的建议使本书变得更好。

前言

目前大多数关于量子计算的资料，一部分围绕难以置信的物理知识，使量子计算成为可能；另一部分讨论量子计算成为主流技术之后可预期的顶层结果。而在本书中，我们关注许多开发者的疑问：量子计算如何影响我的日常开发，我又如何从中获益？要回答这个问题，需要从开发者的角度看待量子计算，即假设硬件已经或即将为人所用（可通过本地硬件或模拟器来实现），且我们编写的代码也不受营销炒作的影响。

目标读者

本书的目标读者是想要了解自己能否以及如何从量子计算中获益，量子计算又如何对工作产生影响的程序员。读者无须了解量子物理的知识，因为本书会解释量子计算将推动哪些领域的进步，并说明程序员们如何像使用现代硬件（如 GPU）一样在不了解内部细节的情况下利用量子计算。

本书的内容

本书由 3 部分组成。第 1 部分提供一些关于量子计算的背景知识，第 2 部分介绍使量子计算区别于传统计算的基本概念，第 3 部分介绍程序员可以直接使用的算法和代码。

第 1 部分介绍关于量子计算的背景知识。

- 第 1 章讨论量子计算的重要性，摒弃流行语和不切实际的期望。脚踏实地的程序员会说"直接给我看代码"，本书就是这样做的。

- 在第 2 章，我们利用基于 Java 的量子计算模拟器 Strange 搭建第一个 Java 应用程序（也就是常说的 "Hello, world" 应用程序）。Strange 量子计算模拟器将程序员与量子计算的底层细节隔离开，提供利用了量子概念的 API。

- 第 3 章介绍量子位，这是量子计算的基本单元，类似于传统计算中的位。

第 2 部分介绍量子计算的相关概念。

- 第 4 章讨论叠加态，这是量子物理的核心原理之一。这一章给出的代码可以让你在 Java 应用程序中使用量子叠加态。

- 第 5 章解释了不同的量子位如何通过量子纠缠保持关联，及其对应用程序的意义。

- 第 6 章介绍量子网络，这是量子计算的一种具体应用。

第 3 部分利用代码示例介绍较复杂的实用算法。这一部分主要聚焦于解释算法的应用，但也会解释一些算法的内部细节，帮助读者理解类似的算法。

- 第 7 章对第 2 章给出的 "Hello, world" 应用程序进行解释。这个简单的应用程序并没有太大的实际用处（就像一般的 "Hello, world" 应用程序一样），但它说明了如何创建量子应用程序。

- 第 8 章在第 6 章和第 7 章的基础之上，说明如何创建一个利用了量子网络的 Java 应用程序，在两方之间进行安全通信。

- 第 9 章解释多伊奇-约萨算法。这个算法很容易利用 Strange 实现，使读者进一步熟悉量子计算的典型规律。

- 第 10 章讨论著名的量子算法：格罗弗搜索算法。这一算法对开发者而言具有现实意义。

- 第 11 章介绍舒尔算法，这也许是目前最热门的量子算法。这一算法需要结合传统计算和量子计算，十分适合作为本书的结尾。

本书配套代码

本书展示和引用了许多示例与演示应用程序。这些应用程序都用到了 Strange 量子计算模拟器。由于 Strange 是一个不断发展的项目，因此本书中的应用程序也会随之发展。

本书中的示例都基于撰写本书时最新公开的发行版 Strange，此版本已上传到知名存储库（例如 Maven Central 等）。即使 Strange 的 API 发生变化，本书中的代码在未来也能运行。

本书的清单和正文包含许多源代码示例。源代码可能已被重新排版，添加了换行并重新设计了缩进，以适应本书的页面空间。在页宽不足时，可能增加了续行符。此外，正文中的源代码的注释通常已被删除。许多清单都包含代码注解，以突出重要概念。

作者简介

　　Johan Vos 是 Java Champion 称号获得者、活跃的 OpenJDK 贡献者、OpenJDK Mobile 项目负责人，以及 OpenJFX 共同规范负责人。Johan 在代尔夫特理工大学获应用物理学博士学位。他是 ProJava FX2/8/9 和 *The Definitive Guide to Modern Java Clients with JavaFX* 的作者之一。Johan 一直积极参与开源软件的开发。他也是 Blackdown 团队的一员，该团队将 Java 移植到了 Linux 系统。除了在 OpenJFX 中担任领导，他还为许多 Java 和 JavaFX 的相关库做出了贡献，包括本书中讨论的 Strange 和 StrangeFX 等。

本书封面简介

　　本书封面插画的标题为《达拉纳女人》[①]（*Femme Dalécarlie*）。该插图取自 Jacques Grasset de Saint-Sauveur（1757—1810）所著、1797 年在法国出版的 *Costumes de Différents Pays* 一书，书中每幅插图均由手工精细绘制与着色而成。Grasset de Saint-Sauveur 丰富多样的作品集，生动地再现了 200 多年前世界各地的巨大的文化差异。那时，世界各地的人们彼此相隔，语言或方言也各不相同。无论在城市街头还是乡村田野，单从着装就能轻松辨识人们的居住地以及职业或生活地位。

　　后来，人们的着装开始发生变化，当时丰富的地域多样性逐渐消失。现在单从着装已很难区分不同大陆的居民，更不用说不同国家、地区和城镇的了。也许人们牺牲文化多样性，是为了换取更多样的个人生活，也是为了换取更多样化、更快节奏的科技生活。

　　在这个计算机书籍同质化的时代，Manning 出版社通过将 Grasset de Saint-Sauveur 绘制的、再现两个世纪前丰富多样的区域生活的插图用作封面，来赞颂计算机产业的创造性和主动性。

[①] 达拉纳是瑞典中部的一个省。——译者注

资源与支持

资源获取

本书提供如下资源：

- 配套代码库；
- 本书思维导图；
- 异步社区 7 天 VIP 会员。

要获得以上资源，扫描下方二维码，根据指引领取。

提交勘误

作者和编辑尽最大努力来确保书中内容的准确性，但难免会存在疏漏。欢迎您将发现的问题反馈给我们，帮助我们提升图书的质量。

当您发现错误时，请登录异步社区（www.epubit.com），按书名搜索，进入本书页面，点击"发表勘误"，输入勘误信息，点击"提交勘误"按钮即可（见下图）。本书的作者和编辑会对您提交的勘误进行审核，确认并接受后，您将获赠异步社区的 100 积分。积分可用于在异步社区兑换优惠券、样书或奖品。

与我们联系

我们的联系邮箱是 contact@epubit.com.cn。

如果您对本书有任何疑问或建议，请您发邮件给我们，并请在邮件标题中注明本书书名，以便我们更高效地做出反馈。

如果您有兴趣出版图书、录制教学视频，或者参与图书翻译、技术审校等工作，可以发邮件给我们。

如果您所在的学校、培训机构或企业，想批量购买本书或异步社区出版的其他图书，也可以发邮件给我们。

如果您在网上发现有针对异步社区出品图书的各种形式的盗版行为，包括对图书全部或部分内容的非授权传播，请您将怀疑有侵权行为的链接发邮件给我们。您的这一举动是对作者权益的保护，也是我们持续为您提供有价值的内容的动力之源。

关于异步社区和异步图书

"异步社区"是由人民邮电出版社创办的 IT 专业图书社区，于 2015 年 8 月上线运营，致力于优质内容的出版和分享，为读者提供高品质的学习内容，为作译者提供专业的出版服务，实现作者与读者在线交流互动，以及传统出版与数字出版的融合发展。

"异步图书"是异步社区策划出版的精品 IT 图书的品牌，依托于人民邮电出版社在计算机图书领域 30 余年的发展与积淀。异步图书面向 IT 行业以及各行业使用 IT 技术的用户。

目录

第1部分　量子计算导论

第2部分　基本概念及其在编程中的应用

第3部分　量子算法与代码

第1部分

量子计算导论

在阅读本书之前，你可能已经听说过量子计算。量子计算的核心部分以量子物理学为基础。量子计算具有巨大的潜在影响力，将对安全、金融、科学等领域产生深远影响。因此，你在专业的科学论文和流行的生活杂志中，都能看到量子计算的身影。

但是量子计算对于当今的计算机开发者意味着什么？本书讨论了量子计算对开发者生活的潜在影响。

第1部分简要解释量子计算的概念和结果，以便将讨论范围缩小到与开发人员相关的部分。第1章介绍基本思想；第2章讲解如何创建一个使用量子计算的简单的Java应用程序，并介绍Strange库，借助此库便可继续用Java（或其他高级语言）编程，但仍旧使用量子概念；第3章介绍量子计算的基本单元——量子位。

第 1 章　进化，革命，还是炒作？

关于量子计算的书籍、文章、博客层出不穷。即使只阅读过有关量子计算的基本介绍，我们也会清楚地知道这不只是经典计算的小改进。相对于经典计算，量子计算的核心概念从本质上就完全不同，其应用领域也有很大差异。在某些领域，量子计算机可能可以解决经典计算机不能解决的问题。

除此之外，量子计算的基础是量子物理，所以它常常自带神秘的光环。量子物理并不是物理学中最简单的部分，一些量子物理的概念非常难以理解。

因此量子计算常常被人描述为一种处理数据的神秘而崭新的方法，它将彻底地改变世界。至少基于我们现在的了解，后半句是对的。许多分析师相信再过 5 到 10 年，量子计算将成为现实，其中的大多数人认为它将带来巨大的影响。

本书将尽量贴近现实，向新老 Java 开发者阐释，如何将量子计算运用于现有和新开发的应用中。我们将在后面说明，量子计算的确会在信息技术领域中的很多重要问题上产生巨大影响，也会解释为什么对真正的量子计算机的到来做好准备十分必要，以及如何使用 Java 和喜欢的工具（如集成编程环境和构建工具）实现这一点。虽然真正的量子计算硬件还没有广泛普及，但是开发者应该认识到利用量子计算开发软件需要一定的时间。而利用量子模拟器和早期原型，现在便可以开始在项目中探索量子计算。如果这样做，当硬件可用时，软件更有可能已经准备好投入使用。

1.1 期望管理

量子计算有着巨大的潜在影响。研究人员仍然在尝试评估这一影响，但至少从理论上看，量子计算可能对信息技术产业、安全、医疗、科学研究，乃至整个人类，都产生重大影响。因为这种潜在的影响，量子计算机常常被错误地描绘成一个巨大的经典计算机。这是不对的，要想了解量子计算的重要性，必须先理解为什么量子计算与经典计算有着根本上的不同。必须强调，在宏伟的目标实现之前，仍然有许多的障碍需要解决。

管理期望

- 不要认为量子计算能解决所有问题；
- 量子计算与经典计算有着根本上的不同；
- 量子计算主要适用于复杂问题；
- 量子计算机和经典计算机将需要并用；
- 硬件太过于复杂，不是我们讨论的范围；
- 虽然硬件还不明确，但已经可以利用量子模拟器和早期原型开发软件了。

量子计算的潜在成功取决于许多因素，这些因素可以归为以下两类。

- 硬件——需要全新复杂的硬件；
- 软件——要想利用量子硬件的能力，需要开发专门的软件。

1.1.1 硬件

一些不确定性阻碍着量子计算的大规模使用。此外，还需要强调的是，量子计算机不能解决所有问题。

量子计算所需的硬件离量产还尚远。生产适合量子计算机或量子协处理器的量子硬件极为困难。

本书中解释的量子计算的核心原理，是基于量子力学的核心原理之上的。量子力学研究自然界的基本粒子，通常被认为是物理最具挑战性的方向之一，而且它还在不断发展。一些出色的物理学家，包括阿尔伯特·爱因斯坦、马克斯·普朗克和路德维希·玻尔兹曼，都曾投入到量子力学理论的研究中。但是量子力学研究的一个重要问题是：通常很难检验理论与实际是否相符。但令人惊讶的是，科学家们创造了一些理论来预测一些尚未被观察到的粒子的存在。观察这些自然界的最小元素及其行为需要特殊的硬件设备。

在封闭的实验室环境中研究和操纵量子效应就已经十分困难。而在现实世界，以可控的方式利用这些量子效应则更是巨大的挑战。

现有的许多实验性量子计算机都基于超导原理，在非常低的温度（例如 10 毫开尔文，即约−273 摄氏度）下运行，因此存在一些在室温下运行的经典计算机所没有遇到的实际限制。

本书对硬件进行了抽象。我们稍后会讨论，软件开发人员没有理由等到硬件准备好之后，才开始考虑最终应该在量子硬件上运行的软件算法。量子计算的原理可以通过量子计算机模拟器来理解和模拟。我们预计，只要核心量子概念相同，在量子计算机模拟器上编写的量子软件，也可以在真正的量子计算机上运行。

> **关于硬件**
>
> 显然，硬件问题还未解决，通常人们预计，可用于解决目前经典计算无法解决的问题的硬件还需要数年方可上市。硬件解决方案需要支持大量可靠的量子位（量子计算的基本概念，本章稍后将详细讨论），这些量子位要能在合理的时间内使用，并且可以由经典计算机控制。
>
> 在撰写本书时，就已经有许多早期的量子计算机原型问世了。IBM 有一台可通过云接口供公众使用的 5 量子位的量子计算机，而它提供给研究实验室和客户使用的量子计算机拥有更多的量子位。谷歌也有一台名为 Bristlecone 的量子处理器，包含 72 量子位。D-Wave 和 Rigetti 等专业公司也有量子计算机原型机。
>
> 还需要提及的是，比较不同的量子计算机也并非易事。乍一看，量子位的数量像是最重要的标准，但这可能会产生误导。构建量子计算机的最大困难之一是尽可能长时间地保持量子状态。非常轻微的干扰都会破坏量子态，使量子计算机出现需要纠正的错误。

1.1.2 软件

虽然理论上量子计算可以在一些领域取得巨大突破，但是人们普遍认为，量子计算机或量子处理器可以接管经典计算机的部分任务，但不能取而代之。可以使用量子计算解决的问题，与目前使用经典计算机解决的问题并无不同。然而，量子计算由于采用了完全不同的底层方法，因此可以用完全不同的方式处理问题。对于给定的一组问题，使用量子计算可以显著提高性能。因此，当今由于没有足够的计算资源而无法解决的问题，如模拟化学反应、优化问题或整数分解，用量子计算机应该就可以求解。

> **关于时间复杂度**
>
> 算法的复杂度通常用时间复杂度表示。一般而言，当输入规模增加时，算法就需要更长的

时间。根据问题在输入规模增加时难度提升的值，可以将问题分为不同的类别。这通常用大 O 记号表示。

假设输入数据有 n 项。如果每项输入需要固定数量的处理步骤，则算法完成的总时间与 n 呈线性关系。在这种情况下，我们称算法需要线性时间。

许多算法比这更复杂。当输入数据的数量增加时，所需的总步数可能会以 n 的平方（n^2）或 n 的 k 次方（n^k，其中 k 为常数）的速度增加。在这种情况下，我们称算法需要多项式时间。

还有一些算法随着输入数据的增加而变得更难，如果没有已知的算法可以在多项式时间内解决问题，我们就称这一算法需要非多项式时间。如果算法的步骤数随 n 的增加指数级增长，则称该算法需要指数级时间。当问题需要 2^n 步时，复杂度显然会急剧增加，因为 n 是步骤数量的指数。在稍后讨论的另一个示例中，所需步骤数为 $e^{\sqrt{(64/9)b(\log b)^2}}$，其中 b 是位数，因此该问题也被称为指数复杂度。

事实证明，量子计算机将有助于在多项式时间内解决经典计算机无法在多项式时间内解决。一个常见的例子是就是整数分解，它是加密中的常见操作（例如应用于广泛使用的密码系统 RSA），或者更准确地说是破解加密算法。整数分解的基本思想是将一个数分解为几个质数，使它们的乘积等于原数，如 $15=3 \times 5$。虽然没有计算机也很容易做到，但可以想象，当数字变大时计算机就会变得很有帮助，例如将 146963 分解为 281×523。

想要分解的数字越大，找到答案所需的时间就越长。这是许多安全算法的基础。其思路是几乎不可能分解一个包含 1024 位的数字。可以证明，解决这个问题所需时间的增长趋势大约与以下函数相同：

$$f(b) = e^{\sqrt{(64/9)b(\log b)^2}} \tag{1.1}$$

其中 b 是原数所包含的位数。此式开头的 e 是重要部分：简言之，这意味着 b 增大，分解该数字所需的时间会指数级增加。图 1.1 显示了分解一个 b 位数字的时间复杂度。

需要注意的是，绝对时间并不重要。这里要表达的是，即使用现有最快的计算机，只增加一位也会带来巨大的差异。

由于没有已知的经典算法可以在多项式时间内解决这一问题，因此我们称这一问题是非多项式时间的，因而通过增加数字的位数，经典计算机就几乎不可能得到这一问题的答案。

然而，同样的问题可以利用量子算法在多项式时间内解决。利用舒尔算法，量子计算机解决这一问题的时间与 b^3 同阶，详情参见第 11 章。

为了说明这意味着什么，我们将量子计算机利用量子算法与经典计算机利用经典算法的时间复杂度图像叠加在一起，如图 1.2 所示。

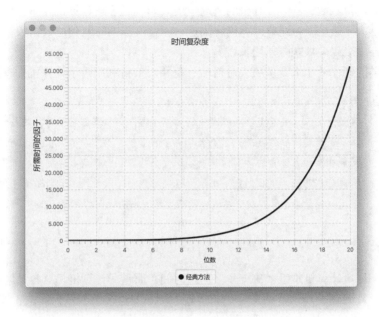

图 1.1　时间随位数指数级增长

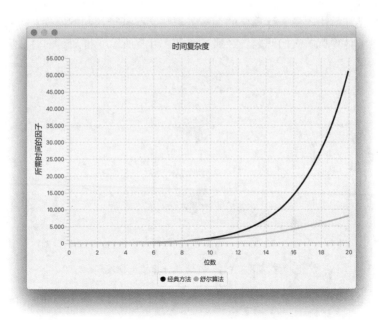

图 1.2　多项式时间与指数级时间的对比

从一定位数起，量子计算机的解题速度开始超越经典计算机。而且位数越多，这个差距就越大。这是因为经典计算机解决这一问题所需的时间随位数指数级增长，而量子算法只会随之以多项式方式增长。

这类问题在量子上是多项式时间的，是相对值得利用量子计算机处理的问题。

注意： 舒尔算法是最流行的量子计算算法之一。但基于一些原因，仅在第 11 章中讨论该算法。首先，要想充分理解算法的工作原理，必须掌握量子计算的基本知识。其次，以当前的硬件状态，即使有了快速的革新，大多数专家认为，距离量子计算机能在实际可接受的时间内算出合理大小的密钥，仍有数年的时间。你应该尽早考虑舒尔算法，但我们也不想给你错误的期望。最后，尽管舒尔算法的影响可能很大，但量子计算在其他领域也能产生巨大影响，例如医疗、化学、优化问题等。

1.1.3　算法

对于经典计算机难以解决（非多项式时间）而量子计算机相对容易解决（多项式时间）的计算问题，舒尔算法是一个非常好的例子。这个差异从何而来？我们将在第 11 章讨论，舒尔算法将整数分解问题转换为求函数周期性的问题，即求 p 的值，使得对于所有的 x 都有 $f(x+p) = f(x)$。这个问题在经典计算机上仍然很难解决，但在量子计算机上相对容易解决。

如今已知适用于量子计算机的大多数算法，都基于相同的原理：将初始问题转换为容易用量子计算机解决的问题。经典方法如图 1.3 所示，将知名的算法应用于该问题，并获得结果。

图 1.3　经典方法：在经典计算机上解决问题

如果可以设法将初始问题转换为一个量子计算机容易解决的问题，就可以期待效率提升，如图 1.4 所示。

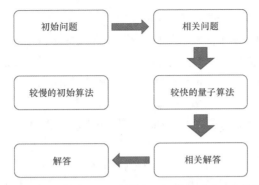

图 1.4　将问题转换为量子计算机可以带来重大改变的领域

注意，需要考虑将初始问题转换为另一个问题，以及将结果转换回去的代价。但是在谈论计算密集型算法时，这一代价应该可以忽略。

> **注意**：在阅读量子算法的解释时，你可能会奇怪为什么这看似是绕了远路。这是因为量子计算机可以快速地解决一些特定的问题，可以将初始问题转换为这些特定问题的其中之一，将有可能利用量子计算机执行快得多的算法。

提出这些算法通常需要深厚的数学背景。一般而言，开发人员不会为应用创建新的量子算法，而是使用现有算法，寻求量子计算机的帮助。但是，开发人员如果了解量子算法的基础知识，理解为什么它们更快以及如何使用它们，将在工作中具有优势。

1.1.4　为什么现在就开始量子计算?

程序员们有时不明白，离量子计算机真正可用还要几年的时间，为什么现在就要学习量子计算。不过，你必须意识到，编写涉及量子计算的软件不同于编写经典软件。虽然预计会有一些方便开发人员使用量子计算机的库，但这些库也需要编写。即便如此，你也需要技能和知识，才能在特定的项目中使用最佳的工具。

任何从事需要加密或安全通信的项目的开发人员都能从学习量子计算中获益。当量子计算机变得可用时，一些现有的经典加密算法将变得不安全。而等到量子计算机已经破解加密后，再改进加密软件并非好主意。与之相反，应该在硬件可用之前就做好准备。因为量子计算确实具有颠覆性，所以可以预测，与使用一个新的库相比，大多数开发人员需要更多的时间学习量子计算。

虽然我们不想用最糟糕的场景吓唬你，但你需要了解，要突破现有的加密技术，并不需要安装大量的量子计算机。网络攻击亦然，而且可以随处进行。

> **提示**：一旦量子计算机变得更强大，一些现有的通信协议和加密技术很有可能会受到攻击。开发人员必须了解哪种软件可能易受攻击以及如何解决此问题。这不是一蹴而就的事情，因此建议你尽早开始研究。

本书中讨论的软件示例均为基本应用程序。它们说明了量子计算的核心原则，并阐明了哪些问题适用于量子计算。但是基本算法和完整功能的软件之间还有巨大的差距。因此，尽管硬件还需要数年时间才能准备就绪，但开发人员必须明白，可能还需要很长时间来优化软件项目，以在可能的情况下尽量多地利用量子计算。

20 世纪中叶，当第一台数字计算机建成时，同样需要创建软件语言。而现在我们可以使用经典计算机来模拟量子计算机，在不访问量子计算机的情况下，为量子计算机开发软件。

这个优势很重要，它凸显了量子模拟器的重要性。当量子硬件变得更广泛可用时，现在就开始利用模拟器研究量子计算的开发人员将比其他开发人员拥有更加巨大的优势。

1.2 量子计算的颠覆性部分：贴近自然

量子计算的一个主要应用领域是物理相关领域。长期以来，科学家们尝试通过在经典计算机上模拟，来理解现代物理学的核心概念。但是，由于自然界的多数基本粒子不遵循经典定律，因此在经典计算机上模拟它们非常复杂。使用这些量子粒子及其定律作为量子计算机的基础，可以更容易地解决这些问题。

位的性质

位的概念似乎常常与信息的最小单元相对应。音乐、书籍、视频，以及设备的功能（应用程序）等信息可以用位的序列表示。正如本章后面将简要解释的，自然本身，包括宇宙中的所有物质，不能单单描述为 0 和 1 的序列。在小尺度下，粒子具有不同的行为，量子力学相当成功地描述了这种行为。自然界的基本组成单元不是 0 和 1，而是一组具有不同属性的基本粒子，量子计算使用的正是这些粒子及其属性。

1.2.1 经典计算机的进化

在最近几十年中，计算机变得越来越强大。其性能提升的主要原因如下：

- 计算机内存的扩大；
- 处理器性能的提升；
- 计算机处理器数量的增加。

这些进步一般会带来增量、线性的提升。使用量子计算机带来的预期性能提升与这些改进无关。量子计算机不是具有更小芯片、更多内存、更快通信的经典计算机。量子计算的出发点是量子位这一完全不同的基本概念。第 3 章将详细讨论量子位，但因为这是一个至关重要的概念，所以这里先进行简要介绍。

1.2.2 量子计算机的进化

经典计算机最小的信息单元是位，其取值可以为 0 或 1。位可以进行不同的操作，也可以更改或互相组合。在任意时刻，计算机中所有的位都处于确定的状态：不是 0 就是 1。经典的位可以类比为电流，0 状态代表无电流，1 状态代表有电流。所有现存经典的软件开发都是基于对这些位的操纵。使用位的组合和对位进行逻辑门操作，是经典软件开发的本质。第 3 章将详细讨论。

量子计算的基本概念是量子位。与经典位相同的是，量子位也具有 0 和 1 的取值。但其颠覆性区别在于，量子位的值可以是 0 和 1 的组合。乍一听，这十分令人困惑。量子计算的基本单元（量子位）比经典计算机的基本单元（位）更加复杂。接下来这个结论听起来很反直觉，然而的确得到了事实证明：量子位比经典位更接近自然的基本概念。

1.2.3 量子物理

顾名思义，量子计算基于量子物理，量子物理研究最小粒子及其行为和相互作用。事实证明，一些粒子具有有趣的特征。例如，电子具有自旋的属性，它有两个取值：上或下。有趣的是，在给定时刻，电子的自旋可以处于这两个值的叠加态。这是一个难以理解的物理现象，在第 4 章讨论的一定的限制下，可以用更容易理解的数学公式将自旋表达为上值和下值的线性组合。

一些物理现象允许一个属性同时处于一种以上的状态，电子的自旋就是其中一例。在量子计算中，量子位就是通过这种物理现象实现的，因而量子位的行为非常接近量子物理的现实情况。量子位的物理实现就是一个真实世界的概念。因此人们常认为量子计算更贴近自然的运作方式。

量子计算的目标之一是利用小尺度微粒发生的物理现象。因此，量子计算更加“自然”，虽然乍一看比经典计算复杂得多，但事实上可以说它反而简单得多，因为它需要的人工干预更少。

理解量子现象和操纵量子现象是两码事，证明量子现象的存在耗费了大量的时间和资源。为了实现在量子位上进行计算表征，我们必须能够操纵其基本单元。这尽管已在大型科研中心实现，但在一般的计算环境下仍然很难做到。

1.3 混合计算

前文提到，量子计算机非常擅长处理一些特定的问题，但并非所有问题。因此，利用一种新形式的混合计算可能可以取得最好的结果，即用量子系统解决一部分问题，用经典计算机解决其余部分。

事实上这并不是一个全新的方法，大多数现代计算机系统已经采用了中央处理器（Central Processing Unit，CPU）与图形处理单元（Graphics Processing Unit，GPU）并用的类似模式。GPU 适于执行某些任务（例如图形或深度学习应用程序所需的矢量运算），但并非所有任务。许多现代 UI 框架，包括 JavaFX 在内，都利用了 CPU 和 GPU 的可用性，并将部分工作委托给 CPU，而将另一些部分工作委托给 GPU，从而优化需要执行的任务，如图 1.5 所示。

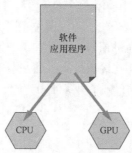

图 1.5   CPU 与 GPU 分担工作

对不同任务使用不同协处理器的思路可以扩展到量子计算中。在理想情况下，软件应用程序可以将一些任务委托给 CPU，一些委托给 GPU，剩下的委托给量子处理单元（Quantum Processing Unit，QPU），如图 1.6 所示。

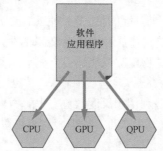

图 1.6   CPU、GPU 与 QPU 分担工作

当工具用于其适合的工作时，就能取得最好的结果。对此，软件应用程序应该使用 GPU 进行矢量计算，将 QPU 用于在经典系统上速度较慢但在量子系统上速度较快的算法，而将 CPU 用于所有 GPU 或 QPU 不占优势的事情。

如果每个终端应用程序都需要判断哪个部分应当委托给哪个处理器，那么软件开发人员的工作会非常困难。我们希望框架和库能够提供一些帮助，并将这个问题从终端开发者那里抽象出来。

如果使用 JavaFX API 在 Java 中创建用户界面，就不必担心哪些部分在 GPU 上执行、哪些部分在 CPU 上执行的问题，JavaFX API 的内部已经实现了此功能。JavaFX 框架可以检测有关 GPU 的信息并将工作委托给它。虽然开发人员仍然可以直接访问 CPU 或 GPU，但这通常是 Java 等高级语言所不允许的。

图 1.6 对 QPU 进行了非常简化的表示。GPU 很容易适用于现代的服务器、桌面系统以及移动和嵌入式设备，但量子处理器则相对更困难，因为它要求在受控、无噪声的环境中操纵量子效应（例如硬件的温度需保持在接近绝对零度的低温）。至少一开始，大多数真正的量子计算资源有可能要通过特定的云服务器，而非嵌在芯片上的协处理器才能获得。同理，因为库可以将复杂任务拆分，并将一些任务委托给通过云服务访问的量子系统，从而使终端软件应用程序获益，如图 1.7 所示。

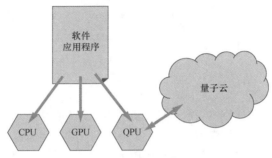

图 1.7　依赖云服务的量子计算

1.4　为量子计算机抽象软件

之前提到，真正的量子计算机虽然已经问世，但远未实现大规模生产。近年来，量子计算机硬件制造已取得了巨大进步，然而在实现真正可用的量子计算机或量子处理器等方面仍然存在诸多不确定性。这并不能作为拒绝开始研究软件的理由，人们已从经典的硬件和基于它的软件中学到了很多东西。在过去的几十年中，高级编程语言使得软件开发人员能够以便捷的方式创建应用程序，而无须担心底层硬件。Java 作为一种高级编程语言，特别擅长对底层的低级软硬件进行抽象。在执行 Java 应用程序时，最终还是会执行低级的、针对特定硬件的指令。所用的硬件不同，不同架构的不同处理器对应的机器指令也不同。

经典计算机的硬件仍在不断发展，软件亦然。但大部分 Java 语言的变更已与硬件的变更无关。硬件演化和软件演化的解耦促成了更快的创新。在许多领域，硬件的改进最终会导致软件更具体的改变。但对于大多数开发人员来说，硬件和软件是可以解耦的。图 1.8 展示了 Java 应用程序如何最终实现对硬件的操作，多个不同层次的抽象将真实的硬件（以及硬件的演变）与终端应用程序屏蔽开来。

在很大程度上，量子计算软件也可以与硬件的演化解耦。虽然硬件实现的细节还远未确定，但总体原则正变得愈加清晰，第 2 章～第 5 章将对此进行讨论。软件开发可以基于这些一般原则进行。正如经典软件开发者不必考虑晶体管（经典计算机的低级单元）如何集成芯片，量子软件开发者也不必考虑量子位的物理表达。量子软件只要满足并利用一般原理，就可以在真正的量子计算机或量子处理器问世后使用。

图 1.8   传统软件栈

大量可用的经典计算机为量子计算机的软件开发提供了巨大的方便。量子硬件的行为可以通过经典软件进行模拟，这是一个巨大的优势，因为这意味着借助经典计算机上用经典软件编写的量子模拟器，就可以用来测试量子软件。显然，量子计算机模拟器与真正的量子计算机之间存在重大差异：根据定义就可以知道，典型的量子算法在量子计算机上的执行速度比量子模拟器上快得多。但从功能的角度来看，它们的结果应是一样的。

除了真正的量子计算机和量子计算机模拟器之外，还可以考虑云服务。通过将工作委托给云服务，应用程序甚至不知道它是在模拟器上运行还是在真正的量子计算机上运行。云服务提供商可以将服务从模拟器升级为真正的量子计算机。当使用真正的量子计算机时，应该能更快地获得结果，但结果与使用模拟器时一致。

这些选择的组合如图 1.9 所示，图中表明 Java 应用程序可以使用量子计算的 API 库。这些库可以在真正的量子计算机上实现，也可以使用量子计算模拟器，或者将工作委托给云端。但对于终端应用，结果应当是相似的。另外，即使将来硬件拓扑发生变化（例如添加了一个量子协处理器），终端应用程序也不需要修改。库的更新不应对顶层 API 产生影响。

我们已经讨论过，量子算法在处理经典计算机需要非多项式（指数）时间的问题上特别有优势，一个典型的例子是整数分解。量子计算机能将大整数进行质因数分解（至少提供部分算法），而目前即使动用世界上所有的计算能力，也是不可能做到的。因此用经典软件编写的量子计算机模拟器也无法进行大数分解。

同样的量子算法当然也可以分解小整数，因此量子模拟器可以用于小整数的分解。可以在量子模拟器上用较小的数字创建、测试和优化量子算法。一旦硬件可用，就可以用相同的算法在真实的硬件上进行整数分解（一个 5 量子位的系统足以分解 21）。随着量子硬件的进步（更多的量子位或更少的错误率），算法就能分解更大的数字。

图 1.9　使用量子 API 的 Java 应用程序栈

总而言之，量子计算机的原理可以在经典计算机上用模拟器进行模仿。开发者可以借此在模拟器上进行量子实验。本书使用了一个用 Java 编写的开源量子模拟器，它既可以在计算机本地运行，也可以在云环境中运行。你不需要关心代码具体在哪里执行。

本书通过查看库中算法的源代码的方式解释一些量子计算的原理。虽然这并不是使用量子计算编写应用程序的硬性要求，但这会帮助你更深入地了解量子算法，以及量子算法如何突显其真正的优势。

1.5　从量子到计算还是从计算到量子

信息技术项目中有多种运用量子计算的方式，人们正在同时开展不同方向的研究。大体而言，研究有两个不同的思路，两者中间存在许多中间地带，如图 1.10 所示。

图 1.10　在新的量子专用语言和现有语言之间寻找平衡

一个极端思路是使用直接对应于量子计算的物理特性的特定软件语言，例如微软发明的量子软件语言 Q#，这种方法有明显的优缺点。

■　优点：直接建立在量子物理概念之上，更容易在具体应用程序中运用这些概念；

■　缺点：已有许多开发语言可供选择，切换语言的学习成本更高。另外，由于多数应用程序需要量子计算与经典计算的结合，仅使用一种量子专用语言并不足以支持一个项目。

另一个极端思路则是坚持现有语言，对开发者隐藏所有的量子特征，这种思路也有优缺点。

- 优点：开发者不用学习新的编程语言，他们的软件可以"魔法般地"从经典、量子、混合模式中选择最合适的实现方式；
- 缺点："魔法般"的效果其实很难实现。将特定语言在特定情形下进行优化就已经很困难（这是即时编译器的工作），而在运行过程中动态地决定是使用量子还是经典程序则更加棘手。

本书选择了两个极端思路的中间地带。第 2 章介绍的 Strange 量子模拟器支持 Java 开发者创建使用量子计算的应用程序。你不需要学习一门新的语言，但仍然可以创建属于自己的算法，并从量子特性中获益。

本书的第 1 部分主要讨论量子物理的特性，这些特性使得量子计算与经典计算存在根本性差异。我们会用 Strange 中的底层代码来说明这些概念。

第 2 部分讨论这些基本概念如何与 Java 代码相关联，以便更加接近"使用现有语言"的方式。

第 3 部分将聚焦于可以在库中实现并被开发者使用的量子算法。如图 1.11 所示。

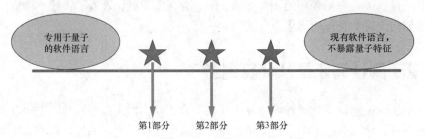

图 1.11　本书的各部分与开发量子计算软件不同方式的对应关系

最后，我们预计软件平台将变得越来越智能，且可以找到结合经典计算与量子计算实现特定功能的最佳方法。这需要很长时间，但与此同时，了解量子计算及其特性对于软件开发者而言一定是一种竞争优势。

本章小结

- 量子计算并非只是经典计算的升级。
- 量子计算采用物理学中的基本核心概念，因此比经典计算更接近现实。
- 硬件可能还需要数年的发展，才能使人们充分从量子计算中获益。
- 对于在实践中用经典方式无法实现的算法，量子计算机有望显著为其加速，但并不会取代经典计算机，因为量子计算机只擅长特定（而重要）的任务。
- 高级软件的开发不应担心底层量子的细节。
- 软件开发者应该意识到，将算法的某些部分转移到不同领域可带来巨大改进。

第 2 章 "Hello, world" 量子计算版

本章内容
- ■ Java 的量子计算库 Strange
- ■ 在 Strange 中尝试高级 API 和低级 API
- ■ 量子电路的基本可视化

本章介绍一个开源量子计算项目 Strange，它包括一个量子计算模拟器和一个可以应用于常规 Java 应用程序中的暴露 Java API 的库。全书将专注讨论量子计算的概念及其与 Java 开发者的相关性，并且说明 Java 开发者如何从这些概念中获益。

Strange 用 Java 实现了多个必要的量子概念。在讨论这些概念时，我们会说明 Strange 对这些概念的代码实现。这是低级 API 的一部分。

大多数 Java 开发者不必处理底层量子概念，但是部分人可能会从利用这些概念的算法中获益。对于这些人而言，Strange 提供了一套可用于常规 Java 应用程序的高级算法，这就是我们所说的高级 Java API。

2.1 Strange 简介

图 2.1 是 Strange 模块的顶层概略图。Java 量子 API 实现了一些典型的量子算法。这些是你可以在常规 Java 应用程序中使用的高级算法，使用这些算法不需要量子计算的知识。

图 2.1 Strange 架构的顶层概略图

量子核心层包含低级 API，可以更深入地接近真实的量子。高级 API 不包括量子计算特有的概念，但其实现利用了低级的量子核心层。高级 API 将量子概念与使用者隔离开来，而低级 API 则将这些概念暴露给使用者。

高级 API 为使用者提供了一个现成的量子算法接口，你可以直接借此从量子计算中获益。但是如果你希望自己创造算法或修改已有算法，则低级 API 才是起点。

2.2 用 Strange 运行第一个示例程序

本书附带一个包含许多使用 Strange 的示例的代码库，可以在本书的配套资源中找到此代码库。附录 A 解释了运行示例的要求和说明，第一个示例位于 ch02/hellostrange 目录中。

注意： 所有示例都要求使用 Java 11 或更高版本，附录 A 包含了安装必需的 Java 软件的指导。

可以使用 Gradle 或 Maven 构建工具构建并运行示例。示例中包含可用 Gradle 处理的 build.gradle 文件和可用 Maven 处理的 pom.xml 文件。

建议你使用最喜欢的 IDE（IntelliJ、Eclipse 或 NetBeans 等）运行这些示例程序。每个 IDE 关于如何运行 Java 应用程序的说明都不同。本书通过命令行使用 Gradle 和 Maven 构建系统，并使用其提供的 Gradle 和 Maven 配置文件，隐式地确保下载所有必需的代码依赖项，如图 2.2 所示。

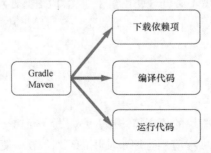

图 2.2 利用 Gradle 或 Maven 运行 Java 应用程序

注意：在使用命令行界面运行示例时，Maven 和 Gradle 采用的方法略有不同。使用 Maven 时，需要执行 cd 命令进入示例所在的目录（包含 pom.xml 文件）。而使用 Gradle 时，需要留在根目录（包含 .gradle 构建文件），并提供章节和项目名称以运行示例。我们将在 HelloStrange 示例中进行解释。

如果要使用 Maven 构建系统以运行基本的 HelloStrange 应用程序，则需要进入 ch02/hellostrange 目录，然后执行

```
mvn clean javafx:run
```

结果如下所示：

```
mvn clean javafx:run
[INFO] Scanning for projects...
[INFO]
[INFO] ------------------------------------------------------------------------
[INFO] Building hellostrange 1.0-SNAPSHOT
[INFO] ------------------------------------------------------------------------
[INFO]
[INFO] --- maven-clean-plugin:2.5:clean (default-clean) @ helloquantum ---
[INFO] Deleting /home/johan/quantumcomputing/manning/public/quantumjava/ch02
/hellostrange/target
[INFO]
[INFO] >>> javafx-maven-plugin:0.0.6:run (default-cli) > process-classes @ h
elloquantum >>>
[INFO]
[INFO] --- maven-resources-plugin:2.6:resources (default-resources) @ helloq
uantum ---
[INFO] Using 'UTF-8' encoding to copy filtered resources.
[INFO] skip non existing resourceDirectory /home/johan/quantumcomputing/mann
ing/public/quantumjava/ch02/hellostrange/src/main/resources
[INFO]
[INFO] --- maven-compiler-plugin:3.1:compile (default-compile) @ helloquantu
m ---
[INFO] Changes detected - recompiling the module!
[INFO] Compiling 1 source file to /home/johan/quantumcomputing/manning/publi
c/quantumjava/ch02/hellostrange/target/classes
[INFO]
[INFO] <<< javafx-maven-plugin:0.0.6:run (default-cli) < process-classes @ h
elloquantum <<<
[INFO]
[INFO] --- javafx-maven-plugin:0.0.6:run (default-cli) @ helloquantum ---
[INFO] Toolchain in javafx-maven-plugin null
Using high-level Strange API to generate random bits
\--------------------------------------------------
```

```
Generate one random bit, which can be 0 or 1. Result = 1
Generated 10000 random bits, 4967 of them were 0, and 5033 were 1.
[INFO] ------------------------------------------------------------------------
[INFO] BUILD SUCCESS
[INFO] ------------------------------------------------------------------------
[INFO] Total time: 1.790 s
[INFO] Finished at: 2021-08-18T14:52:58+02:00
[INFO] Final Memory: 13M/54M
[INFO] ------------------------------------------------------------------------
```

注意: 有经验的 Maven 用户可能会好奇为什么不直接用 mvn exec: java 命令使用 Maven 的 Java 插件。我们推荐使用 mvn javafx: run,因为这包含了 Maven JavaFX 插件。这个插件同时支持标准的 Java 应用程序和 JavaFX 应用程序的运行。我们将在生成用户界面的许多示例中用到后者。为了避免在 Java 和 JavaFX 插件中来回切换,始终调用 JavaFX 插件更加方便。但当我们运行不带用户界面的 Java 应用程序时,并不严格要求这样做。

如果使用 Gradle,则需要在根目录下运行 Gradle,并传入项目的名称。你可以查阅 settings.gradle 文件的内容,里面包含代码库所有项目的名称。

在 Linux 和 macOS 运行程序的命令是

```
./gradlew ch02:hellostrange:run
```

在 Windows 运行程序的命令是

```
gradlew.bat ch02:hellostrange:run
```

这些命令都将得到如下输出:

```
> Task :run
Using high-level Strange API to generate random bits
----------------------------------------------------
Generate one random bit, which can be 0 or 1. Result = 1
Generated 10000 random bits, 4961 of them were 0, and 5039 were 1.

BUILD SUCCESSFUL in 3s
```

注意: Gradle 可能输出更多内容,尤其是当你第一次使用某个 Gradle 版本或需要安装系统缺少的依赖项时。

恭喜! 你成功地运行了一个包含量子计算的程序。

2.3　分析 HelloStrange 的代码

要想理解 HelloStrange 示例应用程序的输出,建议查看应用程序的源代码。在研究 Java 代码之前,应先查看根目录下的 build.gradle 和 pom.xml 文件。build.gradle 文件包含"让 Gradle 编译 Java 类，下载、安装依赖项，以及运行应用程序的"指令。pom.xml 文件的目标与其相同，旨在帮助我们使用 Maven 处理应用程序。

2.3.1 构建过程

通常情况下，如果不打算自己创建应用程序或项目，就不需要关心 build.gradle 或 pom.xml 的文件结构。此时，可以在网上查看有关使用 Gradle 和 Maven 的大量资源。

利用 Maven 构建

pom.xml 文件包含让 Maven 编译并运行应用程序的指令，如清单 2.1 所示。

清单 2.1 HelloStrange 示例的 pom.xml 文件

```
<project xmlns="http://maven.apache.org/POM/4.0.0" xmlns:xsi="http://www.w3.
➥ org/2001/XMLSchema-instance"
  xsi:schemaLocation="http://maven.apache.org/POM/4.0.0 http://maven.apache.
➥ org/maven-v4_0_0.xsd">
  <modelVersion>4.0.0</modelVersion>
  <groupId>org.redfx.javaqc</groupId>
  <artifactId>helloquantum</artifactId>
  <packaging>jar</packaging>
  <version>1.0-SNAPSHOT</version>
  <name>grover</name>
  <url>http://maven.apache.org</url>

  <properties>
    <project.build.sourceEncoding>UTF-8</project.build.sourceEncoding>
    <maven.compiler.target>11</maven.compiler.target>
    <maven.compiler.source>11</maven.compiler.source>
  </properties>

  <dependencies>
    <dependency>
    <groupId>org.redfx</groupId>
    <artifactId>strange</artifactId>
    <version>0.1.1</version>
    </dependency>
  </dependencies>
  <build>
    <plugins>
      <plugin>
        <groupId>org.openjfx</groupId>
        <artifactId>javafx-maven-plugin</artifactId>
```

pom 文件需要关于项目的一些通用信息。这里定义的属性是标准的 Maven 属性，并不特定于我们的应用程序，但它们需要进行定义

此项目依赖 org.redfx.strange

此项目的生命周期管理（编译与运行）由 javafx-maven 插件处理

```
    <version>0.0.4</version>
    <configuration>
      <mainClass>
        org.redfx.javaqc.ch02.hellostrange.Main   ←──── 主类名需要在这里指
      </mainClass>                                        定，插件才能运行它
    </configuration>
  </plugin>
  </plugins>
 </build>
</project>
```

熟悉 Maven 的用户可以轻松修改这个.pom 文件，但这并不是必需的。

利用 Gradle 构建

build.gradle 文件的内容如清单 2.2 所示。

清单 2.2　HelloStrange 示例的 build.gradle 文件

声明 Gradle 应该使用哪些插件。Gradle 是一个可以使用第三方插件的构建系统，借助插件其可以更轻松地构建和部署应用程序。示例应用程序是一个应用程序（application），因此需要使用 application 插件。Strange 要求 Java 11 和 Java 9 引入的模块化概念。我们的示例程序不需要 Java 的模块化系统知识，但是为了支持构建工具使用模块化概念，我们也声明了要使用 javamodularity Gradle 插件

```
plugins {   ←─────
    id 'application'
}
```

声明在何处下载依赖项。因为我们的示例应用程序使用了 Java 库，所以 Gradle 需要知道在哪里找到这个库，以使用它来编译和运行示例应用程序。Strange 库已被上传到 mavenCentral 存储库，因此要在 repositories 部分进行声明

```
repositories {   ←─────
    mavenCentral();
}

dependencies {
    compile 'org.redfx:strange:0.1.1'
}

mainClassName = 'org.redfx.javaqc.ch02.hellostrange.Main'   ←─────
```

声明依赖项。HelloStrange 示例应用程序使用了 Strange 库，在此声明需要 0.1.1 版的 Strange 库，它由包名（org.redfx）和工件名（strange）组成。compile 关键字告知 Gradle 在编译应用程序时需要使用这个库，默认情况下，也会使用这个库来运行应用程序

声明运行示例程序时的主类。需要告知 Gradle 在哪里可以找到应用程序的入口点。在本例中，项目只有一个带有主方法的 Java 源文件，因此这就是程序的入口点

从事项目开发、部署、测试和分发的开发人员和代码维护人员会对 build.gradle 文件很感兴趣。

2.3.2 代码

　　项目中的 Java 源文件与所有开发者相关。默认情况下，Maven 和 Gradle 要求将 Java 源文件放在名为 src/main/java 后跟包名和 Java 源文件名的路径下。据此，HelloStrange 应用程序的源文件位于 src/main/java/org/redfx/javaqc/ch02/hellostrange/Main.java 路径下。注意，我们的每个示例都有自己的 src 目录，你可以轻松地分别查看。

　　在展示代码之前，先简要说明我们想要实现的目标。第 1 个示例调用了高级 Strange API 的方法。这个方法称为 randomBit()，它产生一个 0 或 1 的经典位。我们稍后将讨论 randomBit()方法的调用。除此调用之外，示例中的 Java 代码仅使用 JDK 中的标准 API。

　　示例的流程图如图 2.3 所示。从中可以看到我们创建的 Java 类依赖于高级 Strange API。我们不必关心它是如何在 Strange 的较低层级中实现的。

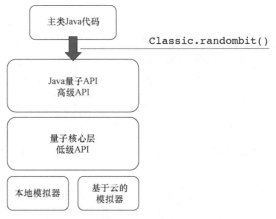

图 2.3　第 1 个 Java 示例的顶层概略图

　　该应用程序的完整源代码如清单 2.3 所示。下面来分析这段代码。

清单 2.3　HelloStrange 示例的 Main.java 文件

```java
package org.redfx.javaqc.ch02.hellostrange;

import org.redfx.strange.algorithm.Classic;

public class Main {
  public static void main (String[] args) {
      System.out.println("Using high-level Strange API to generate random
  bits");
      System.out.println("----------------------------------------");
```

```
int randomBit = Classic.randomBit();
System.out.println("Generate one random bit, which can be 0 or 1."+
                " Result = "+randomBit);
int cntZero = 0;
int cntOne = 0;
for (int i = 0; i < 10000; i++) {
    if (Classic.randomBit() > 0) {
        cntOne ++;
    } else {
        cntZero ++;
    }
}
System.out.println("Generated 10000 random bits, " + cntZero +
                " of them were 0, and "+cntOne+" were 1.");
        }
    }
```

调用 Strange 高级 API，产生一个随机位

产生 10000 个随机位

这段代码遵循基本的 Java 规范，我们假定你已对此有所了解。我们将针对这个示例简要介绍 Java 应用程序中的典型概念。

源文件中的 Java 代码属于 org.redfx.javaqc.ch02.hellostrange 包，已在文件开头声明。依赖 Strange 库提供的功能，导入相应 Java 类以提供需要的功能：

```
import org.redfx.strange.algorithm.Classic
```

稍后再仔细分析 Classic 类，现在暂且简单地假设它可以为我们提供想要的功能。

此示例程序的 Java 类名为 Main，因为它必须与文件名匹配。在 Java 中，我们要使用 public static void main(String[] args) 方法声明文件中的入口点。在需要执行应用程序时，Maven 或 Gradle 等构建工具会调用这个方法。当 main 方法被调用时，它首先会打印一些信息：

```
System.out.println("Using high-level Strange API to generate random bits");
System.out.println("--------------------------------------------------");
```

接下来，调用 Classic 类的方法 Classic.randomBit()，它属于导入的 Strange 库的一部分。这个方法返回一个值为 0 或 1 的 Java 整数。在执行以下语句之后，randomBit 的值为 0 或 1：

```
int randomBit = Classic.randomBit();
```

注意：类名 Classic 表明 Strange 为经典调用提供了这个类，这说明调用这个类的代码不需要包含任何特定于量子的对象或者函数。在完全使用经典代码编写的项目和库当中，就可以调用这个类的代码。但是 Classic 类的实现本身包含量子实现。因此，Classic.randomBit() 的实现并非单纯地返回一个默认的 Java 随机位，而是使

　　　　用了一个量子电路来实现，后面的章节会进行解释。

　　下一行代码打印这个值。注意，当你执行应用程序时，有 50%的概率打印出 1、50%
的概率打印出 0。正如之前所说，Classic.randomBit()方法在底层使用了量子原理。稍后
再讨论其实现，此处暂且认为这个方法返回 0 和 1 的概率是均等的。

　　为了证明这一点，清单 2.3 的后部分代码调用 Classic.randomBit()方法 10000 次，并
分别记录返回 0 和 1 的次数。我们引入了两个变量来记录：

```
int cntZero = 0;
int cntOne = 0;
```

　　显然，cntZero 记录返回值为 0 的次数，cntOne 记录返回值为 1 的次数。

　　我们创建了一个循环，循环体调用 randomBit()方法，并增加相应的变量，如下面的
代码片段所示：

```
for (int i = 0; i < 10000; i++) {
    if (Classic.randomBit() > 0) {
        cntOne ++;
    } else {
        cntZero ++;
    }
}
```

　　最后打印结果。因为程序产生的随机值是真正随机的，所以每次运行应用程序的最
终结果都可能有所不同。cntOne 和 cntZero 之和一定为 10000，而且它们的值都应该比
较接近 5000。

2.3.3　Java API 及其实现

　　你如果熟悉 Java 开发，那么就不会对前面展示和使用的代码感到陌生，此处不需要
量子物理或量子计算的特定知识。我们使用了 Classic.randomBit()方法，它与你在 Java
应用程序中看到的所有 Java 方法都是类似的。但是在背后，Classic.randomBit()使用的
是量子模拟器或真正的量子计算机，然而 Java 开发者并不会直接面对其实现。这体现了
Java 的一大优点：可以对使用 API 的开发者隐藏具体实现。本例中的 Classic.randomBit()
就是开发者调用的 API。

　　虽然你不需要了解底层实现的细节，但对这些细节有一些基本的了解通常会有所
帮助。不仅是量子计算中的算法，许多其他领域都是如此。文档（如 Javadoc）对一
般情况通常很有帮助，例如你想跟踪性能，文档可能有助于理解一些细节。但对于
量子计算而言，我们建议 Java 开发人员至少了解一些关于量子 API 底层实现的基础
知识，因为在判断量子算法是否适用于特定的情形以及对性能有何影响时，这些基

础知识会提供一些有用的信息。

另外，如果没有这些基础知识，你可能会担心某些算法的初始性能。的确，如果在量子模拟器上执行量子算法，其性能可能会比使用经典算法时更差。但是，如果量子算法写得好，而且问题也适合借助量子计算加速，那么当使用真正的量子硬件时，它的性能就会有显著提升。

2.4　获取并安装 Strange 代码

如前文所述，你通常不需要了解算法实现的细节。不过，本书将通过展示量子算法的代码片段来解释量子计算的基本概念。通过分析一些算法的实现，你将更好地了解量子计算的概念，更加理解量子计算可以带来巨大影响的领域。

本书使用的 Strange 库是用 Java 语言编写的。这使得你可以在自己的应用程序中使用量子 API，必要时也可以深入了解其实现并进行修改或扩展。你如果使用一些特定的 IDE（例如 NetBeans、IntelliJ 或 Eclipse），那么就可以打开库并阅读这些文件。

2.4.1　下载代码

与本书中使用的示例程序一样，你可以从 GitHub 下载 Strange 库的代码，也可以通过 git clone 命令创建 Strange 库的本地副本。

注意，如果想在应用程序中使用 Strange 库，则不需要下载源代码。Strange 的二进制版本已被上传到 Maven Central，Gradle、Maven 等构建工具将自动进行检索。

你如果想对 Strange 进行修改并在本地进行测试，那么可以轻松地编译整个项目。与 2.3 节中的演示应用程序一样，Strange 使用 Gradle 构建系统创建库。

以下 Maven 命令可用于构建库：

```
mvn install
```

这一操作的结果是生成 Strange 库的本地副本，以供你在本地应用程序中使用。在使用自己的库之前，需要考虑以下两件事。

- pom.xml 文件包含一个版本参数 version。此参数可以任意更改，但必须确保在应用程序的依赖项 dependencies 使用相同的版本。
- 应用程序需要在存储库列表中包含 mavenLocal()。

2.4.2　初识代码库

你可以在 IDE 中打开代码或浏览文件。例如，可以打开 2.3 节中讨论的 Classic.java 文件。Classic 类的源代码位于 Classic.java 中，后者位于 Git 存储库的目录的 src/main/java/

org/redfx/strange/algorithm 文件夹中。第 7 章将详细讨论这个文件，以下代码片段展示了 2.3 节中的 Classic.randomBit()调用与使用量子计算机或量子模拟器的实现之间的关系：

```
public static int randomBit() {
    Program program = new Program(1);
    Step s0 = new Step();
    s0.addGate(new Hadamard(0));
    program.addStep(s0);
    QuantumExecutionEnvironment qee =
            new SimpleQuantumExecutionEnvironment();
    Result result = qee.runProgram(program);
    Qubit[] qubits = result.getQubits();
    int answer = qubits[0].measure();
    return answer;
}
```

这一代码片段表明，randomBit()方法返回的随机位不是由经典随机函数简单生成的，而是涉及特定于量子计算的步骤。同样，Java 开发者通常不需要对实现了解太多，但是通过查看代码，可以学到很多关于量子计算的知识。

2.5 后续步骤

现在你已经下载了 Strange 库并使用量子计算运行了第一个 Java 应用程序，是时候进一步了解量子计算的基本概念了。如果你想先查看更多代码，欢迎浏览 Strange 库中的文件。但是，建议你先阅读基本概念。每当我们引入一个概念时，都会说明应用了该概念的 Strange 代码。我们通过设计避开了 Strange 中包含特定于量子概念的高级 API，因此接下来，我们将使用 Strange 低级 API 来解释量子计算的核心概念。

本章小结

- Strange 是一个兼具高级 API 和低级 API 的量子计算模拟器。
- 可以使用 Strange 的高级 API 轻松创建“Hello, world”应用程序，它将在后台使用量子计算的概念。
- 高级 API 的实现需要低级 API。通常不必关心低级 API，但如果想更深入地了解量子计算概念，它们就会非常有帮助。

第3章　量子位与量子逻辑门：量子计算的基本单元

本章内容

- 对比量子位与经典位
- 量子位的两种符号表示法
- 量子逻辑门操作量子位的方式
- 利用 StrangeFX 对简单逻辑门的效果可视化

在使用经典计算机创建典型的应用程序时，大多数开发者不会考虑最低级的晶体管和具体操作最终是如何在硬件上执行应用程序的。经典硬件可以说是一种商品，大多数开发者直接使用它而不用考虑太多。关于硬件如何工作的细节与大多数应用程序无关。高级编程语言将人们与低级（汇编）代码相隔离，而芯片设计的标准使人们更不需要理解计算机硬件的物理工作。

但情况并非总是如此。在经典计算的早期，没有高级编程语言，开发人员的工作更接近底层。而当经典计算机的硬件变得更加主流和标准化时，焦点才转移到了更高级的编程语言。

可以预计，量子计算也将遵循类似的路径。未来，使用量子的开发者将不需要了解量子计算的基本概念。与经典计算机的情况类似，高级语言和中间层会把人们与硬件中的实现细节相隔离。但是现在，如果想使用量子计算，对基本原理有一些基本的了解肯定会有帮助。

本章将介绍这些基本概念，讨论量子位和量子逻辑门，并简要介绍支持这些概念实现的物理相关知识。本章不是对量子力学的介绍，感兴趣的读者可参阅专业文献。

3.1　经典位与量子位

假设你在银行工作，需要确保每个客户的账号和余额都已存储并可检索，且开发人员能处理这些信息。如何在经典计算机上表示这些信息？

以前，计算机可以处理以计算机可理解的方式表示的信息（数字、文本、图像、视频等）。经典位是大多数开发者理解并使用的最常见的底层结构之一。位包含了经典计算中最细粒度的信息，它的值为 0 或 1，如图 3.1 所示。通常每 8 位分为一组，称为字节（见图 3.2）。

图 3.1　经典位的值为 0 或 1

图 3.2　字节是 0 和 1 构成的序列

执行经典算法的任意时刻，每个位的状态都是确定的：要么是 0，要么是 1。因此字节在任意时刻的状态也是确定的：每个字节的 8 个位都要么是 0，要么是 1。

计算机内存的大小表示为处理器可以访问的位数。内存的大小是影响计算机质量和性能的主要因素之一。计算机的内存越大，它能储存的数据就越多。位数是描述 CPU 指令长度和数字精度的重要特征（例如 Java 的 long 类型为 64 位，而 Java 的 int 为 32 位）。

在一个时刻，位的值不是 0 就是 1，这一核心思想同时也是其局限之一。在量子计算中，与位类似的概念是量子位，它的取值也可以是 0 或 1，但与位不同的是，量子位的值还可以是 0 和 1 状态的组合。在这种情况下，量子位就处于所谓的叠加态。虽然这听起来可能违反直觉，但这其实是自然界中许多基本粒子的常态，与量子力学的核心思想直接相关。自然界中的基本粒子可以处于叠加态，这一事实很好地表明，量子计算机是可以实现的。经典计算机忽略了量子效应，因此经典硬件不能无限地变小，否则就将触及量子效应。

在观测量子位时，它会返回 0 或 1，而不会介于两者之间。第 4 章将解释量子位的叠加态与观测时的实际值之间的关系。粗略地说，叠加态与量子位在观测时的值（0 或 1）的概率有关，如图 3.3 所示。

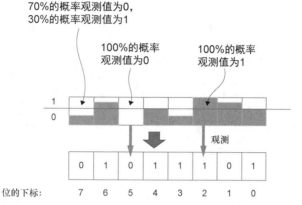

图 3.3 观测时，量子位的值坍缩到 0 或 1。注意，在这个虚拟的例子中，虽然观测下标为 1 的量子位时，其值有很高概率为 1，但得到的观测值为 0。这说明概率与观测的关系并不是简单的四舍五入

第 4 章将讨论 0 与 1 叠加态的概念。目前最重要的是，由于单个量子位包含的信息比 0 或 1 更复杂，因此多个量子位可以比相同数量的经典位包含更多信息。对于那些当复杂度线性增加时，位数理论上需要指数级增加才能实现的问题或算法，这非常重要。

3.2 量子位的符号表示

虽然还没有详细讨论叠加态，但前文已经说明不能只用单个的 0 或 1 来表示量子位的状态，因此需要不同的符号描述。量子位有多种表示法，根据使用情形的不同（显示电路状态、解释门如何工作等），各种表示法可能各有优劣。

本书将介绍两种表示法：狄拉克符号和向量表示。本章只讨论简单情形，第 4 章讨论叠加态时会回顾这些符号并进行扩展。现在暂且只考虑处于基态的量子位，即取值为 0 和 1。

> **线性代数**
>
> 从本节开始，会不时地使用线性代数中的概念和符号。如果需要了解这些概念的更多背景知识，可参看附录 B，其中简单介绍了本书使用的线性代数知识。

3.2.1 一个量子位

对于处于基态的量子位这种简单情况，一个量子位的向量表示很直接。我们将量子

位表示为具有两个元素的向量。如果量子位的取值为 0，则向量中的第 1 个元素为 1，另一个元素为 0，如式（3.1）。

$$\begin{bmatrix} 1 \\ 0 \end{bmatrix} \tag{3.1}$$

这个量子位的狄拉克符号记作：

$$|0\rangle \tag{3.2}$$

因为这两种表示法是等价的，所以可以写成：

$$|0\rangle = \begin{bmatrix} 1 \\ 0 \end{bmatrix} \tag{3.3}$$

同理，如果量子位的取值为 1，那么也可以用向量表示，第 1 个元素为 0，第 2 个元素为 1。这个量子位的狄拉克符号记作 $|1\rangle$，因此这两种表示法可写成

$$|1\rangle = \begin{bmatrix} 0 \\ 1 \end{bmatrix} \tag{3.4}$$

3.2.2　多个量子位

在多量子位系统中，量子位状态的狄拉克符号即由各个量子位状态的狄拉克符号连接而成。两个值均为 0 的量子位可以记为

$$|0\rangle|0\rangle \tag{3.5}$$

这也常常简记为

$$|00\rangle \tag{3.6}$$

多量子位系统的向量表示需要一些向量运算。代表多量子位系统的结果向量由每个量子位的向量通过张量乘法求得。附录 B 对张量乘法进行了解释，虽然附录提供了更多深入的信息，但我们不需要知道这些向量是如何求得的：

$$|00\rangle = \begin{bmatrix} 1 \\ 0 \end{bmatrix} \otimes \begin{bmatrix} 1 \\ 0 \end{bmatrix} = \begin{bmatrix} 1 \\ 0 \\ 0 \\ 0 \end{bmatrix} \tag{3.7}$$

若第 1 个量子位为 1，而第 2 个量子位为 0，则该系统的量子位可表示如下：

$$|10\rangle = \begin{bmatrix} 0 \\ 1 \end{bmatrix} \otimes \begin{bmatrix} 1 \\ 0 \end{bmatrix} = \begin{bmatrix} 0 \\ 0 \\ 1 \\ 0 \end{bmatrix} \tag{3.8}$$

从二进制到十进制

经典计算机使用值为 0 或 1 的位，这些位结合起来，可以表示更复杂的信息。一个十进制数（例如 5）可以用许多位来描述。这些位按顺序排列时，就可以理解为对十进制数的表征，如：

$$0101 = 0 \times 2^3 + 1 \times 2^2 + 0 \times 2^1 + 1 \times 2^0 = 0 \times 8 + 1 \times 4 + 0 \times 2 + 1 \times 1 = 5$$

因此，序列中的每一位都表示相应的 2 的幂是否应加到十进制数上：如果某位为 1，就加上；某位为 0，则不加。序列最右侧的下标为 0，其左侧的位的下标为 1，以此类推。通常，下标为 i 的位所对应的值为 2^i。

在狄拉克符号和向量表示之间还有另一个方便的关系。如果将量子位视为位，则狄拉克符号中的这些位就等于一个整数：

$$\begin{aligned}|00\rangle &= 0 \\ |01\rangle &= 1 \\ |10\rangle &= 2 \\ |11\rangle &= 3\end{aligned} \tag{3.9}$$

将这个表示法与式（3.8）中的向量表示进行比较。向量中值为 1 的元素仅出现在下标为 2 的位置（假设下标从 0 起）。如前所述，$|10\rangle$ 对应于十进制值的 2，也对应于向量中的第 2 个元素（仍假设下标从 0 起），如图 3.4 所示。因此，如果将狄拉克符号中的位转换为十进制数，例如 n，则对应的向量中（从 0 起），除了第 n 位为 1，其余全为 0。

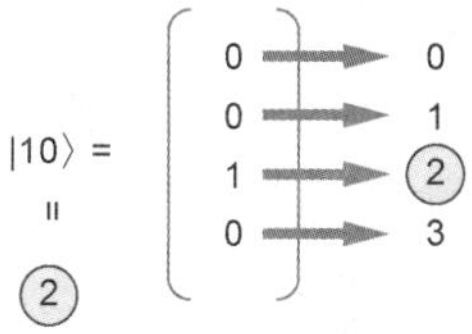

图 3.4　十进制数与量子位向量表示之间的关系，概率向量的相应位置为 1

如果向系统中再加入一个量子位，则需要再进行一次张量乘法。取值依次为 1、0、1 的 3 个量子位的系统，可以表示如下：

$$|101\rangle = \begin{bmatrix} 0 \\ 1 \end{bmatrix} \otimes \begin{bmatrix} 1 \\ 0 \end{bmatrix} \otimes \begin{bmatrix} 0 \\ 1 \end{bmatrix} = \begin{bmatrix} 0 \\ 1 \end{bmatrix} \otimes \begin{bmatrix} 0 \\ 1 \\ 0 \\ 0 \end{bmatrix} = \begin{bmatrix} 0 \\ 0 \\ 0 \\ 0 \\ 0 \\ 1 \\ 0 \\ 0 \end{bmatrix} \qquad （3.10）$$

注意，前面提到的关系仍然适用：$|101\rangle$ 是整数 5 的二进制表示，如果以向量的首行为第 0 行，则第 5 行的元素等于 1。

结果向量的长度随位数快速增加。通常，对于 n 位的情况，结果向量将含 2^n 个元素。

你可能想知道为什么要弄得这么复杂。使用 3 个量子位时，为什么需要含 8 个元素的向量，而且这 8 个元素中只有一个是 1？答案将在第 4 章中给出。至此讨论的仅是处于基态的量子位，当谈论叠加态的量子位时，这种表示法就会变得有用，甚至是必需的。

量子位的物理表示

对现实物理世界中如何创建和维持位或量子位有一个粗略的了解是很有趣的，虽然这不会影响应用程序的行为。必须要认识到位和量子位有不同的物理实现方式，开发者应该从这些物理实现中抽象出来。计算机主存中的位可以通过电脉冲保持开启状态。而要使位存储在硬盘上，则需要使用不同的技术，例如利用磁性。

存储量子位的一般原则与存储位的原则类似：利用自然界中的现象，并将其应用于实现目标。可用于保持某个位的开启状态（将值设为 1）的电脉冲就是一个典型的例子。描述两态系统的量子现象就可用于表示量子位。在这样的系统中，状态不是简单的 0 或 1，而可以是 0 和 1 的更复杂的叠加态。需要理解的重要一点是，有一些物理现象可以准确地表示一个量子位的行为。当然这不是巧合，因为这可以从另一个角度解读为：量子位的行为与量子力学中的某些现象完全一致。

许多物理现象都会形成量子二态系统。目前，创建和操纵量子位的大部分研究都是基于超导电路。在超导环境中创建的物理超导量子位具有多种特性，因此使用超导电路可以实现多种量子位。最近，有更多的参与者进入了市场，并且正在研究其他技术，例如光子量子位的俘获离子。由于这是一个高速发展的领域，因此要用发展的眼光看待此。Sabine Hossenfelder 的视频"量子计算：2021 年顶级玩家"对 2021 年上半年的状态进行了有趣的概述。不过对开发人员来说，最重要的是这种环境可支持创建处于叠加态的量子位，直至其可被观测，参见第 4 章。

3.3 逻辑门：操作和观测量子位

　　能够表达和存储数据固然很好，但在计算中还需要能够操作数据：处理表格、应用利率、改变颜色等。在 Java 这样的高级语言中，有大量的库可以处理输入数据。而在最底层，所有这些操作都归结为对计算机系统中的位的一系列简单操作。可以证明，有限的逻辑门就能实现所有可能的场景。

　　逻辑门通常用简化的图形表示。一个简单的经典逻辑门是非门（NOT），也称为逆变器，如图 3.5 所示。

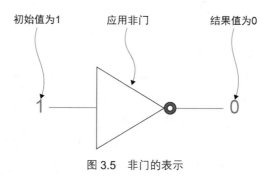

初始值为1　　　　应用非门　　　　结果值为0

图 3.5　非门的表示

　　这个逻辑门有一个输入位和一个输出位。门的输出位与输入位反相。输入为 0，则输出为 1；输入为 1，则输出为 0。

　　逻辑门的行为可以通过简单的表格解释，列出输入位的可能组合，输出见最后一列。表 3.1 列出了非门的行为。

表 3.1　　　　　　　　　　　　　　　非门的行为

输入（ A ）	输出（ NOT A ）
0	1
1	0

　　当逻辑门的输入为 0 时，输出就为 1；当逻辑门的输入为 1 时，输出就为 0。

　　非门只涉及 1 个位，但其他逻辑门涉及多位。例如，异或门（XOR）接受两个位的输入，如果仅有一个位为 1，则输出值为 1，否则为 0。该逻辑门的表示如图 3.6 所示。

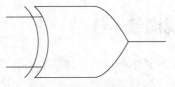

图 3.6　异或门的表示

表 3.2 列出了异或门的行为。

表 3.2　　　　　　　　　　　　　　　　异或门的行为

输入		输出
A	B	A XOR B
0	0	0
0	1	1
1	0	1
1	1	0

　　量子逻辑门与经典逻辑门既有相似的特性，也有重要的区别。与经典逻辑门一样，量子逻辑门操纵其核心概念（即量子位）：它们可以改变量子位的值。而经典逻辑门和量子逻辑门之间的本质区别之一，是量子门应该是可逆的。也就是说，总可以应用另一个逻辑门，使其返回应用第 1 个逻辑门之前的系统状态。这里的原因可以追溯到自然规律：量子力学就是可逆的。如果要使用基于量子力学提供的硬件，软件规则应与硬件限制一致。因此，不可逆的逻辑门将导致无法在量子硬件上实现软件栈。

　　这一限制对于经典逻辑门是不成立的。例如，异或门就是不可逆的，如果异或门的结果为 1，那么无法知道第 1 位还是第 2 位的值为 0。

　　由于逻辑门操作应当可逆，因此量子系统需要与经典系统不同的逻辑门。因此，量子应用与经典应用在底层需要使用不同的方法。

3.4　第 1 个量子逻辑门：泡利 X 门

　　继续分析在银行工作的例子。已创建一个存储数据（账号和余额）的系统，现要求修改余额，例如因发放利息导致余额变动，需要操作数据。怎么做？

　　软件开发的核心思想之一是编写能操作数据的函数，例如为所有账户余额加上 1 元。这需要修改数据的能力，经典计算机已普遍实现此功能。

　　如果想让量子计算机执行算法，其也需要能操作数据。在底层，这就是量子逻辑门的作用。第 1 个量子逻辑门的例子是泡利 X 门（Pauli-X gate），如图 3.7 所示。

图 3.7 泡利 X 门的符号

这个逻辑门可以反转一个量子位的值。第 4 章深入研究叠加态时还会回到这个例子。目前，暂且只考虑特殊情况，即量子位处于 0 或 1 的状态。泡利 X 门可将 0 值翻转为 1，反之亦然。

这一过程是可逆的。如果在应用泡利 X 门之后，量子位的值为 1，则在应用逻辑门之前其值为 0。而如果最终值为 0，则原值为 1。因此，可逆逻辑门的原理在这里是成立的。在应用一个泡利 X 门之后再应用一个泡利 X 门，就回到了系统的原状态，如图 3.8 所示。

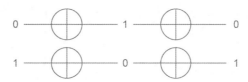

图 3.8 两个泡利 X 门将系统恢复原样

3.5 在 Strange 中操作量子位

至此，我们还未讨论叠加态和纠缠，也仅介绍了量子位的基本概念。在解释叠加态和纠缠的概念之后，量子计算的威力将真正展现。但是现在已经可以用 Strange 创建一个简单的应用程序，来实际查看泡利 X 门了。

第 2 章中使用 Strange 的高级 API 创建了一个使用量子算法返回随机值的应用程序。下面的示例使用 Strange 的低级 API 以直接利用量子位和逻辑门。清单 3.1 的代码创建了一个量子位（初始值为 0），同时还对其应用了泡利 X 门，并测量结果值。

提示：此示例的源代码位于示例存储库的 **ch03/paulix** 目录。有关如何获取示例代码的更多信息，参见附录 A。

清单 3.1 使用泡利 X 门的 Java 应用程序

```java
public static void main(String[] args) {
    QuantumExecutionEnvironment simulator =
        new SimpleQuantumExecutionEnvironment();    // 创建声明并执行量子
                                                    // 应用程序的环境
    Program program = new Program(1);    // 定义一个
    Step step = new Step();              // 程序
    step.addGate(new X(0));
    program.addStep(step);
```

```
Result result = simulator.runProgram(program);   ◀──  定义程序后，就可以在前
Qubit[] qubits = result.getQubits();                   面的环境中运行，并得到
Qubit zero = qubits[0];                                结果
int value = zero.measure();
System.out.println("Value = "+value);   ◀──  处理结果并返
}                                             回给用户
```

现在运行代码：

```
mvn javafx:run
```

与预期相同，程序的输出为：

```
Value = 1
```

上述代码引入了 Strange 中用到的一些概念。下面将介绍执行环境，由一些步骤组成的程序，以及一些结果。注意，这些概念广泛用于各种量子计算模拟器和编辑器。

3.5.1　QuantumExecutionEnvironment 接口

量子应用程序执行的物理位置和条件一直在进步，而这与开发者无关。目前已经有一些云服务可以提供真正的量子计算基础设施（例如 IBM、Rigetti 等），但也可以假设量子协处理器能够执行量子应用程序。如今，大多数量子应用程序都在量子模拟器上执行，而模拟器则可以在本地和云环境中运行。总之，多种不同的执行环境都能运行量子应用程序。

Strange 抽象了执行环境的差异，在 org.redfx.strange 包中提供了 QuantumExecution Environment 接口，为量子应用程序与执行环境的交互提供了 API。Strange 包含 QuantumExecutionEnvironment 的几个实现，最重要的是，用 Strange 编写的量子应用程序可以在现在和未来的所有环境中运行，而无须修改。

最简单的执行环境使用内置的模拟器，实例化方式如下：

```
QuantumExecutionEnvironment simulator = new
SimpleQuantumExecutionEnvironment();
```

org.redfx.strange.local 包中的 SimpleQuantumExecutionEnvironment 提供了使用经典软件执行量子操作的量子模拟器。显然，它要比真正的硬件慢，而且由于量子模拟器在处理大量量子位时会占用很多内存，因此不建议将其用于量子位太多的情况。对于本书中的示例程序，SimpleQuantumExecutionEnvironment 已经够用了。

3.5.2 Program 类

要想在 Strange 中创建一个量子应用程序，首先要创建一个新的 Program 实例。Program 类位于 org.redfx.strange 包中，为要编写的量子应用程序提供入口点。

Program 构造函数需要一个整数型参数，定义在应用程序中使用的量子位数。简单的应用程序只使用一个量子位，代码可以写成：

```
Program program = new Program(1)
```

3.5.3 Step 和逻辑门

一个量子程序由一个或多个操作量子位的步骤组成。每个步骤都定义为一个 Step 实例。Step 类也位于 org.redfx.strange 包中，并且有无须参数的构造函数。可以在步骤中定义使用哪些逻辑门。

示例程序创建了一个如下的步骤：

```
Step step = new Step()
```

接下来通过添加逻辑门来定义这个步骤。这里使用泡利 X 门，它由 org.redfx.strange. gate 包中的 X 类定义。泡利 X 门的构造函数需要传递一个整数，即逻辑门作用的量子位的索引。在这种情况下，因为只有一个量子位，所以其索引为 0。创建此逻辑门并添加到 Step 实例的代码如下：

```
step.addGate(new X(0));
```

在一个步骤中，每个量子位最多只能被一个逻辑门作用。一个逻辑门可以作用于多个量子位，但同一步骤中的两个逻辑门不能作用于同一个量子位。以下代码片段就是错误的，因为在同一个步骤中添加了两个逻辑门，而且作用于同一个（索引为 0 的）量子位：

```
step.addGate(new X(0));
step.addGate(new H(0));
```

如果尝试在应用程序中使用此代码片段，Strange 将抛出 IllegalArgumentException 异常，并显示 "Adding gate that affects a qubit already involved in this step"（添加的逻辑门影响了已参与此步骤的量子位）消息。

注意，这里引入了另一个逻辑门：阿达玛门，用 H 类表示。第 4 章将介绍这个逻辑门，在这里使用它只是为了表明不允许在一个步骤中让两个逻辑门作用于同一个量子位。

至此，我们已编写好一个执行步骤，接下来还需要让 Program 实例将 Step 实例添加到程序中：

```
program.addStep(step);
```

3.5.4　结果

运行量子应用程序或 Program 后可以获得相应结果。前面曾简单提到，量子位可以处于所谓的叠加态，但是在观测时，它的值就会变成 0 或 1。因此在量子应用中不可能有中间结果。不过，不使用真实物理量子位的量子模拟器就没有这个限制。为了调试程序，可以利用中间值。详情参见第 7 章。

Strange 在 org.redfx.strange 包中定义了 Result 类，其实例由执行环境创建。在 QuantumExecutionEnvironment 中调用 runProgram()方法时将返回结果：

```
Result result = simulator.runProgram(program);
```

Result 类的结果实例包含关于量子系统最终状态的信息。接下来的章节将更详细地讨论此内容，目前只关注系统中的单个量子位的状态。

Result 类提供了提取量子位的方法：

```
Qubit[] qubits = result.getQubits();
```

因为此系统中只有一个量子位，所以它可以这样获得：

```
Qubit zero = qubits[0];
```

可以在程序执行后获取量子位的值：

```
int value = zero.measure();
```

最后，用简单的 Java 命令打印这个值：

```
System.out.println("Value = "+value);
```

起初，量子位处于 0 状态。我们的简单应用程序先是对量子位应用泡利 X 门，然后测量新的值，这个值总是 1。对于某些算法，若希望量子位最初处于 1 状态，只要使用泡利 X 门作为算法的第 1 步即可。

3.6　量子电路的可视化

前面的示例代码不难理解和照做，它仅代表一个只涉及一个量子位和一个逻辑门的简单量子电路。如果应用程序更复杂，则很难通过阅读代码理解发生了什么。因此许多可以生成量子应用的量子模拟器或者应用程序都配有可视化工具。

    Strange 库有一个名为 StrangeFX 的配套库，方便我们直观地渲染程序。StrangeFX 也是用 Java 编写的，其使用标准 Java UI 平台 JavaFX 来渲染。本章代码中的 paulixui 示例展示了这个库的应用方式。

    Program 的可视化非常简单。使用 Maven 构建系统可以很容易地引用 StrangeFX 库，只需要在 pom.xml 文件中添加两个新的依赖项：

```
<dependency>
  <groupId>org.openjfx</groupId>
  <artifactId>javafx-controls</artifactId>    ◁    javafx.control 可以创建图形
  <version>15</version>                             控制组件。这个模块依赖其
</dependency>                                        他几个可以传递加载的 javafx
<dependency>                                         模块
  <groupId>org.redfx</groupId>
  <artifactId>strangefx</artifactId>    ◁    检索 org.redfx.strangefx 部件，它包含了
  <version>0.0.10</version>                   可视化量子电路所需的代码
</dependency>
```

    使用 Gradle 构建系统的情况与此类似，需要修改 build.gradle 文件，向 StrangeFX 添加依赖项，如下所示：

```
plugins {
    id 'application'
    id 'org.openjfx.javafxplugin' version '0.0.10'    ◁    向 Gradle 添加 JavaFX
}                                                            插件

repositories {
    mavenCentral();
    jcenter();
}

dependencies {
    compile 'org.redfx:strange:0.0.17'
    compile 'org.redfx:strangefx:0.0.10'    ◁    依赖 StrangeFX
}

javafx {                                             在应用中使用 javafx.control
    modules = [ 'javafx.controls' ]    ◁             模块
}

mainClas'sName = 'org.redfx.javaqc.ch03.paulixui.Main'
```

注意，plugins 中包含这行代码：

```
id 'org.openjfx.javafxplugin' version '0.0.10'
```

这个插件确保所有运行 JavaFX 应用程序所需的代码都可用。另外，还要将 StrangeFX 的依赖添加到依赖列表中：

```
compile 'org.redfx:strangefx:0.0.10'
```

最后，因为应用程序使用了 JavaFX 的 controls 模块，还需要告诉 Java 系统加载它：

```
javafx {
    modules = [ 'javafx.controls' ]
}
```

渲染程序的代码很简单。StrangeFX 中的 org.redfx.strangefx.render.Renderer 类包含下列静态方法：

```
Renderer.renderProgram(Program program);
```

此方法分析程序并创建可视化表示，它将每个量子位表示在一条线上。初始状态位于左侧，所有量子位都处于 $|0\rangle$ 状态。再往右，遇到量子逻辑门时就会在右侧依次描绘出来。每行的末尾显示逻辑门的结果为 1 的概率。因此，如果想渲染之前组成的电路，只需要修改应用程序的结尾，如下所示：

```
int value = zero.measure();
    System.out.println("Value = "+value);
    Renderer.renderProgram(program);
}
```

运行这个程序会渲染出如图 3.9 所示的用户界面。在图中，每个可视化组件都分别对应应用程序的不同组件，如图中标注所示。

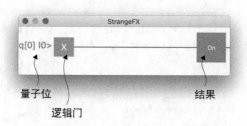

图 3.9　一个量子位通过泡利 X 门的用户界面表示

本章小结

■　量子计算的基本概念是量子位和量子逻辑门。

- 这些概念与经典计算中的对应概念既有相似之处，也有不同之处。
- 量子位的状态可以用不同的符号（狄拉克符号或向量）表示。
- 使用基于 Java 的 Strange 量子模拟器，可以将量子逻辑门组合成一个量子应用程序。
- 泡利 X 门是量子逻辑门之一，可以用于量子应用。

第 2 部分

基本概念及其在编程中的应用

既然已将量子计算限制在与开发者相关的部分，那么就可以将量子计算的概念映射到开发者熟悉的概念上。

第 4 章介绍叠加态的概念（这是使量子计算从根本上区别于经典计算的原理之一），以及如何编写 Java 代码来处理叠加态。第 5 章讨论量子纠缠，它与叠加态共同使量子计算机变得非常强大。与解释叠加态的方式类似，第 5 章同样会展示使用量子纠缠的Java 代码。第 6 章介绍经典网络如何受量子计算的影响，以及量子网络的概况。

第 4 章　叠加态

第 3 章简要提到了叠加态这一量子计算的概念。这是人们预计量子计算机能比经典计算机更快地运行某些应用程序的原因之一。

本章讲解什么是叠加态，以及它与创建量子算法的关系。通过讨论一个使量子位进入叠加状态的逻辑门，并展示一个简单的相关示例来演示叠加态。本章的讲述流程如图 4.1 所示。

本章将尝试把物理解释的内容降至最低。物理学背后的科学工作很晦涩，但那是另一门学科，与软件开发的相关性也较低。即使是对于那些知识十分渊博的人，量子计算及其概念也很难掌握，因此开发者即便不清楚叠加态背后的物理概念，也不用担心。对开发者而言，重要的是如何利用这些概念来编写更合适的应用程序。

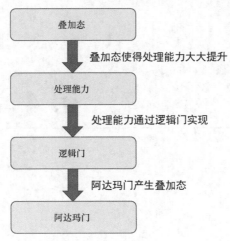

图 4.1　从叠加态到阿达玛门

4.1　什么是叠加态？

　　一个量子位可以处于不同的状态。前面已提到，一个量子位的值可以是 0、1，以及 0 和 1 的某种组合。但是，这些组合有一些重要的限制，下面讨论这些限制。

　　之前说过，观测一个量子位时，返回值总是 0 或 1，但这并不是观测前发生的一切。

　　为了理解这一点，先简单地介绍量子物理学。记住，软件开发者口中的量子位是由现实世界的现象支撑的。因此，量子位的软件行为和属性必须与现实世界现象的行为和属性以某种方式相对应（见图 4.2）。

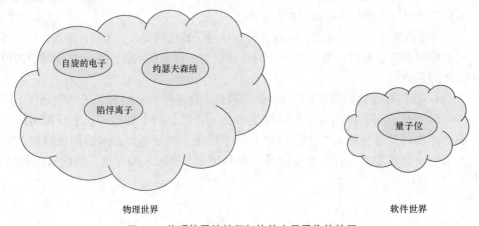

图 4.2　物理粒子的特征与软件中量子位的特征

在量子物理学中，粒子具有有趣的特性。例如，电子具有自旋的特性。这个属性在观测时可以有两种状态：向上和向下，我们称之为基态。注意，这与位很相似，可以是1（对应向上）或0（对应向下），如图4.3所示。

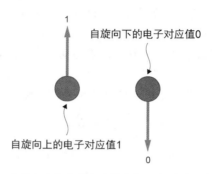

图4.3 自旋向上和自旋向下的电子，分别对应值1和0

但是根据量子理论，电子的自旋也可以处于向上和向下的叠加态。图4.4象征性地表达了这一状态。在观测时，自旋将坍缩到两个基态之一。

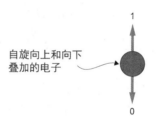

图4.4 处于自旋向上和向下叠加态的电子

关于叠加态常有一些误解：

- 处于叠加态并不意味着电子同时处于0（自旋向下）状态和1（自旋向上）状态。事实上，叠加态理论并没有说明电子处于什么状态，它描述的是在特定时刻观测电子时，电子处于两种状态的概率。
- 处于叠加态并不意味着人们不知道电子处于自旋向上还是自旋向下的状态。关于量子计算的基本（而奇怪）的事实之一是系统在观测时会受到影响。只有在观测自旋时，它才会展现出自旋向上或自旋向下的状态。

第3章将值为0的量子位用狄拉克符号表示为$|0\rangle$。如果相应的物理元素是电子，则可以说这类似于自旋向下的电子。同理，当量子位的值为1时，可用狄拉克符号表示为$|1\rangle$，这可以对应于电子自旋向上的现实情况。

注意：大多数现有的量子计算机原型都没有使用电子作为量子位的表征。但是，与大多

数量子计算机使用的更复杂的现象（例如约瑟夫森结）相比，电子的自旋向上或
向下的属性通常更容易理解。因为想尽可能地脱离物理背景，所以本书倾向于使
用更简单的物理表示的类比。

如上所述，电子可以处于自旋向上或自旋向下的状态，也可以处于向上和向下的叠
加态。因此，量子位也同样可以处于叠加态。

现在为量子位命名，这与在经典程序中为变量或参数命名的方式类似。变量和参数
经常使用希腊字母，为了与大多数文献保持一致，本书也将使用这些符号。一个名为 ψ
（读作"普西"）、值为 0 的量子位（对应自旋向下的电子）描述如下：

$$|\psi\rangle = |0\rangle \qquad (4.1)$$

同理，名为 ψ、值为 1 的量子位（对应自旋向上的电子）描述如下：

$$|\psi\rangle = |1\rangle \qquad (4.2)$$

有趣的是描述一个处于叠加态的量子位，对应一个处于自旋向上和向下的叠加态的
电子。量子位如果处于叠加态时，其状态可以描述为基态的线性组合：

$$|\psi\rangle = \alpha|0\rangle + \beta|1\rangle \qquad (4.3)$$

此式表示量子位的状态是基态 $|0\rangle$ 和 $|1\rangle$ 的线性组合，其中 α 和 β 是与概率有关的参
数，稍后解释。

上式凸显了经典计算和量子计算的根本区别之一。虽然量子位的值为 0 或 1 的简单
情况也可以用经典变量表示，但对于经典计算机来说，这两个值的组合是不可能的，如
图 4.5 所示。

量子计算机	经典计算机
$\|\psi\rangle = \|0\rangle$	布尔值 = false
$\|\psi\rangle = \|1\rangle$	布尔值 = true
$\|\psi\rangle = \alpha\|0\rangle + \beta\|1\rangle$	布尔值 = ?

图 4.5　量子计算机和经典计算机对变量赋值

也可以将式（4.3）写成向量表示。利用狄拉克符号 $|0\rangle$ 和 $|1\rangle$ 的定义，式（4.3）可改
写为：

$$|\psi\rangle = \alpha \begin{bmatrix} 1 \\ 0 \end{bmatrix} + \beta \begin{bmatrix} 0 \\ 1 \end{bmatrix} = \begin{bmatrix} \alpha \\ \beta \end{bmatrix} \qquad (4.4)$$

狄拉克符号和向量表示对应的原则相同：给定的量子位处于 $|0\rangle$ 和 $|1\rangle$ 的叠加态。

有很多方法可以解释上式的物理含义。从本质上讲，上式意味着电子处于这样一种状态：在某个时刻进行观测，观测值为 0 的概率为 α^2，观测值为 1 的概率为 β^2。

为什么概率是 α^2 和 β^2，而不是 α 和 β？第 10 章讨论状态向量和概率向量之间的区别时将详细说明。简言之，这是因为概率必须是正实数，而状态变量可以是复数。

因为观测值只能是 0 或 1，所以对 α 和 β 有一个另外的约束：概率的和为 1。即

$$\alpha^2 + \beta^2 = 1 \qquad\qquad (4.5)$$

量子物理学很难理解。但幸运的是，作为开发者，只需考虑这些式子，而忽略物理解释。

对电子自旋的描述也适用于其他基本粒子的其他属性。谈论量子位时，它的底层物理实现会使用这些属性的行为，而开发者不需要考虑物理行为。因此，谈论叠加态的量子位时，不需要知道这个量子位的物理表征。

至此，开发者最常问的问题之一是："量子位可以处于 0 和 1 的叠加状态，这很好。但是观测时，它仍然只能是 0 或 1。这与经典计算机有什么不同？"这是一个好问题，稍后回答。

注意：量子计算有时与可能性而非确定性相关。经典位不是 0 就是 1，并且随时可以观测。你已经知道，在量子计算中，系统的状态采用概率描述，这需要不同的思维方式。

4.2　用概率向量表示量子系统的状态

至此，我们主要讨论了量子位和它的值。在介绍叠加态之后，你已经知道单个量子位在处理过程中，可以处于两个基态的组合状态，而在观测时则会坍缩到一个基态（0 或 1）。在经典计算中，参数的值是处理过程中十分重要的概念。然而，当谈论量子计算机时，由于叠加态的存在，这些值在处理过程中并不是唯一确定的，因此通常讨论概率比讨论量子位的值更方便。这就是本节要解释的内容，这会提升量子计算机的处理能力。

第 3 章已介绍量子系统的状态可以用向量表示。对于单个量子位的量子系统，含 2 个元素的向量就能描述观测该单个量子位时其值的概率。2 个量子位组成的量子系统，可以用含 4 个元素的向量表示。通常，由 n 个量子位组成的量子系统可以用含 2^n 个元素的向量来表示。图 4.6 解释了这一原理。

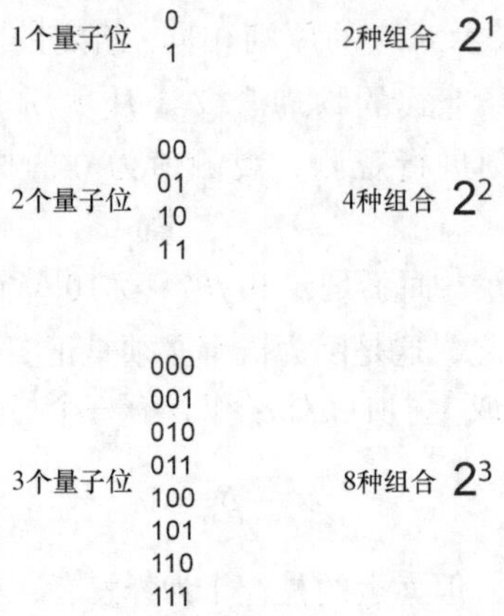

1个量子位   0
             1   2种组合 2^1

             00
2个量子位   01
             10   4种组合 2^2
             11

             000
             001
             010
3个量子位   011   8种组合 2^3
             100
             101
             110
             111

图 4.6   随着量子位的数量增加，其取值的组合呈指数级增加

如果量子系统的所有量子位都处于基态，那么其状态可以用第 3 章中给出的概率向量表示：除了一个元素之外，所有元素都是 0。每个元素均对应一种系统的状态，而每个量子位的值都是确定的：不是 0 就是 1。

而已知量子位可以处于叠加态，它的状态是 0 值和 1 值的线性组合。对于单量子位的系统，其状态可以用狄拉克符号和向量表示描述如下：

$$|\psi\rangle = \alpha|0\rangle + \beta|1\rangle = \begin{bmatrix} \alpha \\ \beta \end{bmatrix} \tag{4.6}$$

而有两个量子位组成的量子系统可描述如下：

$$|\psi_0\psi_1\rangle = \begin{bmatrix} \alpha_0 \\ \beta_0 \end{bmatrix} \otimes \begin{bmatrix} \alpha_1 \\ \beta_1 \end{bmatrix} = \begin{bmatrix} \alpha_0\alpha_1 \\ \alpha_0\beta_1 \\ \beta_0\alpha_1 \\ \beta_0\beta_1 \end{bmatrix} \tag{4.7}$$

上式表明，由 2 个量子位组成的系统可以用含 4 个值的（概率）向量描述。2 个量子位可以同时具有 4 个值。虽然观测时每个量子位只具有 1 个值，但是量子算法中的所有计算都是对这 4 个值的操作。

推广到一般情况，具有 n 个量子位的系统对应于含 2^n 个元素的向量。这就解释了为什么量子计算机有望帮助解决指数级问题：随着量子位数量的增加，量子系统可以处理指数级增长的数值。

图 4.7 展示了一个由 6 个量子位构成的系统。在图中，6 个量子位对应于一个含 64（即 2^6）个元素的向量。观测可知，其中只有一个元素的值为 1，其余元素的值均为 0。根据值为 1 的元素的下标，可得出 6 个量子位的分别取值。因此，这个系统以 6

个值开始（每个均为 0 或 1），以 6 个值结束（每个均为 0 或 1）。

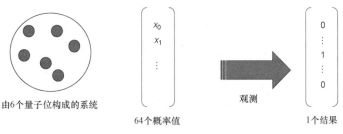

图 4.7 由 6 个量子位构成的量子系统

乍看之下，叠加态没有明确的价值。可以在系统中保存指数级数量的元素，但是一旦进行观测，似乎就又回到了经典状态，每个位都有一个确定的值。

> **叠加态对量子计算的好处**
>
> 　　叠加态对量子计算的真正价值在于，量子系统可以在量子位处于叠加状态时进行处理。因此，量子算法定义的操作不是对 6 个位的操作，而是对 64 个概率值的操作。在具有 6 个量子位的量子计算机上，量子算法的一个步骤能修改 64 个值。每增加一个量子位就会使量子计算机的处理能力翻倍。这就解释了量子计算中经常使用的术语"指数"：增加 n 个量子位，所带来的处理能力与 2^n 成正比，其中 n 为指数。

接下来对比具有 6 个位的经典计算机与具有 6 个量子位的量子计算机。两台计算机都以 6 个位的值作为算法的输入，获得算法的输出后，再次读取 6 个位的值。两台计算机都可以处理输入值的 64 种可能组合，而关键区别在于量子计算机可以同时处理这 64 种组合，如图 4.8 所示。

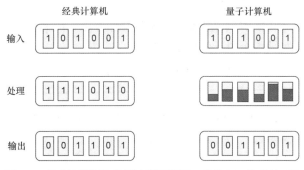

图 4.8 经典计算机和量子计算机处理 6 位输入、输出的对比

用 Java 代码来展示这一区别。首先，假设使用具有 1 个位的经典计算机，并将函数应用于这个位。可以使用 boolean 类型，因为这个 Java 原始类型可以包含 2 个值：false 和 true，分别对应 0 和 1：

```
boolean input;
boolean output;

output = someFunction(input);
```

其中，someFunction 是具有下列特征的 Java 函数：

```
public boolean someFunction(boolean v) {
    boolean answer;
    ... // do some processing  ◄——| 真正的处理过程
    return answer;
}
```

为了将 someFunction 应用于 input 的所有可能值，需要调用函数 2 次：

```
boolean[] input = new boolean[2];
boolean[] output = new boolean[2];
input[0] = false;
input[1] = true;

for (int i = 0; i < 2; i++) {
    output[i] = someFunction(input[i]);
}
```

接下来，可以利用 Java 伪代码，用量子计算机实现同样的事情。

注意： 因为做了一些简化，所以这个例子没有使用真正的 Java 代码。在后续章节我们
也会看到，经典算法和量子算法之间的区别不仅仅是叠加态的概念。第 5 章解
释的另一个本质区别之一，是量子位不会以孤立的方式运行，对一个量子位的
操作可能会影响另一个看似无关的量子位。因此，在对量子位进行操作时，需
要考虑整个系统（即所有量子位）。

创建一个量子位的实例，并使用虚构的叠加方法 superposition 使其处于叠加态。本
章后面将解释如何使一个量子位处于叠加态：

```
Qubit qubit = new Qubit();
qubit.superposition();
```

现在需要将 someFunction 应用于量子位，可以这样定义：

```
public Qubit someFunction(Qubit v) {
    Qubit answer;
    ... // do some processing
    return answer;
}
```

至此，程序看起来与经典情况很相似。但是，可以将函数应用于处于叠加态的量子
位，通过函数的值来获取量子位的值为 0 的情况和量子位的值为 1 的情况：

```
Qubit qubit = new Qubit();
qubit.superposition();
qubit = someFunction(qubit);
```

这里的关键是函数 someFunction 以一个量子位作为输入,并以一个量子位作为输出。如果输入量子位处于叠加态,则该函数会在两种状态下运行。同理,如果有一个以 2 个量子位作为输入的函数,就可以对 4 种不同的量子位状态的组合进行操作。通常,在 n 个量子位上运行的函数,可以以 2^n 种可能的状态运行。这就解释了为什么在谈论量子计算时经常使用概率向量,因为该向量有 2^n 个元素,可以描述量子位处于特定状态的概率。

了解量子计算机为什么能以指数方式扩展后,还需要了解如何从中受益,因为指数级的能力仅适用于处理过程,而不适用于观测过程。编写量子算法时的诀窍是想出特定的操作,在应用这些操作之后,观测结果就能给出关于问题解决方案的更多信息。这一过程如图 4.9 所示,在观测量子系统之前,应用量子逻辑门进行处理,这些量子逻辑门的操作会修改概率向量的状态。

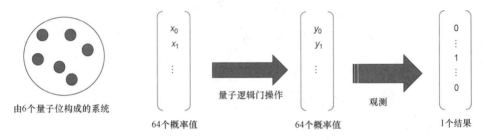

由6个量子位构成的系统

量子逻辑门操作

观测

64个概率值   64个概率值   1个结果

图 4.9 对由 6 个量子位组成的量子系统应用量子逻辑门

> **注意:** 假设有 1000 个数字,其中一个是质数,要求你找到质数的下标。想象一下,你可以同时操作这些数字,进行某种处理,使它们都变为 0,除了那个质数——它会变为 1。然后,一次观测就可以找到质数的下标。尽管没有简单的量子算法能达成这一目的,但这一类比展示了能够处理大量值的好处,即使结果仅仅是一个值。

至此,已经多次讨论对量子系统的操作,离软件层更接近了,而我们最终就是希望使用软件来操纵量子系统的状态。在将注意力转向软件之前,还要解释量子逻辑门如何操作量子位和概率向量。

4.3 矩阵门操作简介

虽然本书要尽可能减少数学内容,但是对线性代数和矩阵运算有基本的了解有助于我们理解量子逻辑门的核心概念。本节将简要介绍所需的数学背景。

在此使用简单(但有用)的量子逻辑门:泡利 X 门来解释这些概念。介绍完泡利 X

门与矩阵运算的关系后，我们再把这个概念推广到所有逻辑门。

本章开头的图 4.1 展示了本章内容讲解的流程图。本节将对该流程图增加一些细节，如图 4.10 所示。

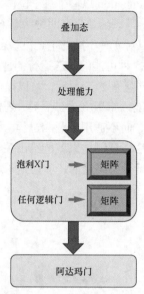

图 4.10 增加逻辑门概念的细节：首先讨论泡利 X 门，然后将概念推广

这些讨论将引出本章的最后一部分：阿达玛门。泡利 X 门很容易理解，学习完本节后便可以清晰地了解逻辑门的工作原理。

4.2 节解释了具有 n 个量子位的系统状态可以用含 2^n 个元素的向量来表示，也提到量子计算机可以对这个向量进行处理，本节将对此进行解释。量子计算机可以同时在状态组合上运行，这是提高性能的绝佳机会，但也带来了一些复杂性：你需要考虑量子位组合的概率，而不是单个量子位。

4.3.1 泡利 X 门的矩阵表示

第 3 章介绍了泡利 X 门，它与经典的非门有相似之处，表 4.1 简单解释了非门的行为（同表 3.1）：

表 4.1 非门的行为

输入（A）	输出（NOT A）
0	1
1	0

表 4.1 对于泡利 X 门也成立，但只考虑了输入为 0 或 1 的基态。本章前面提到，量子位的状态可以是基态的线性组合。其状态不是简单的 0 或 1，而是基于概率的组合：观测时量子位的值为 0 和 1 的概率。在这种情况下，这个简单的表格不足以描述逻辑门的行为，还需要一个包含无限行的表，如表 4.2 所示，即使只考虑 99% 和 100% 之间的情况就有无数种取值。

表 4.2 非门对量子位的行为

输入（A）	输出（NOT A）
100% 的概率为 0，0% 的概率为 1	0% 的概率为 0，100% 概率为 1
99% 的概率为 0，1% 的概率为 1	1% 的概率为 0，99% 的概率为 1
98% 的概率为 0，2% 的概率为 1	2% 的概率为 0，98% 的概率为 1
……	……
0% 的概率为 0，100% 的概率为 1	100% 的概率为 0，0% 的概率为 1

量子计算常常用矩阵运算描述逻辑门。

4.3.2 对叠加态的量子位运用泡利 X 门

可以用向量表示由量子位组成的量子系统的状态。当量子位通过逻辑门时，向量中的值会发生变化。在线性代数中，可以用矩阵表示逻辑门，将矩阵与量子位向量相乘，就能获得量子位向量的新状态。本节将说明泡利 X 门可以用以下矩阵表示：

$$\begin{pmatrix} 0 & 1 \\ 1 & 0 \end{pmatrix} \tag{4.8}$$

我们从简单的例子开始。首先，假设量子位的初值为 0。第 3 章已经提到，对这个量子位应用泡利 X 门后，量子位的值为 1。量子位初值可用狄拉克符号表示为 $|0\rangle$。而用向量表示则为：

$$\begin{bmatrix} 1 \\ 0 \end{bmatrix} \tag{4.9}$$

将逻辑门应用于量子位，对应于逻辑门矩阵乘以量子位向量：

$$\begin{pmatrix} 0 & 1 \\ 1 & 0 \end{pmatrix}\begin{bmatrix} 1 \\ 0 \end{bmatrix} = \begin{bmatrix} 0 \\ 1 \end{bmatrix} \tag{4.10}$$

上式利用了矩阵与向量的乘法。因为向量是仅有一列的特殊矩阵，所以矩阵与向量相乘的结果是一个新向量。将矩阵和向量相乘时，要求矩阵的列数等于向量的行数。在本例中，矩阵有两列，向量有两行，因此满足要求。此外，结果向量必须与矩阵的行数相同。泡利 X 矩阵有两行，结果向量也是两行。

结果向量中的值可以这样计算：结果向量中第 i 个元素，等于矩阵第 i 行所有元素与原向量中相应元素的乘积之和。向量中的第 1 个元素通过 $(0 \times 1) + (1 \times 0) = 0$ 求得，第 2 个元素通过 $(1 \times 1) + (0 \times 0) = 1$ 求得。

因此，对状态为 $|0\rangle$（式中的原向量）的量子位应用泡利 X 门，量子位的结果状态为 $|0\rangle$（矩阵乘法后的结果）。这与第 3 章的内容一致。

现在，假设量子位的初值为 1，用狄拉克符号可表示为 $|1\rangle$，用向量表示则为

$$\begin{bmatrix} 0 \\ 1 \end{bmatrix} \tag{4.11}$$

在这种情况下，将泡利 X 矩阵与量子位向量相乘的结果为：

$$\begin{pmatrix} 0 & 1 \\ 1 & 0 \end{pmatrix} \begin{bmatrix} 0 \\ 1 \end{bmatrix} = \begin{bmatrix} 1 \\ 0 \end{bmatrix} \tag{4.12}$$

这一结果就是值为 0 的量子位的向量表示，其狄拉克符号则为 $|0\rangle$。

这两种情况说明，对于量子位的值为 0 或 1 的"简单"情况，式（4.8）中的矩阵与泡利 X 门应具有的作用相对应。

但这只是两种极端情况，我们还想知道对于处于叠加态的量子会发生什么。在这种情况下，量子的状态可表示为

$$|\psi\rangle = \alpha |0\rangle + \beta |1\rangle \tag{4.13}$$

或者用向量表示为：

$$|\psi\rangle = \begin{bmatrix} \alpha \\ \beta \end{bmatrix} \tag{4.14}$$

现在将泡利 X 门作用于这个量子位，即用式（4.8）的矩阵乘以这个向量：

$$\begin{pmatrix} 0 & 1 \\ 1 & 0 \end{pmatrix} \begin{bmatrix} \alpha \\ \beta \end{bmatrix} = \begin{bmatrix} \beta \\ \alpha \end{bmatrix} \tag{4.15}$$

从上式可知，泡利 X 门的作用是将量子位的观测值为 0 和 1 的概率互换。在量子位的初值为 0 或 1 的极端情况下，泡利 X 门只是简单地将其值反转。

4.3.3 适用于所有逻辑门的矩阵

4.3.2 节说明了如何通过将泡利 X 门矩阵与量子位的概率向量相乘，来描述在单个量子位上运行的泡利 X 门。本节讲解矩阵乘法的原理如何适用于任何逻辑门。本书将介绍许多新的逻辑门，本节内容有助于理解逻辑门与矩阵关系的一般原理。将逻辑门应用于单个量子位的一般操作如图 4.11 所示。

图 4.11 将逻辑门应用于一个量子位

这与下列矩阵乘法是等价的：

$$\begin{bmatrix} \alpha \\ \beta \end{bmatrix} \mapsto \begin{pmatrix} a_{00} & a_{01} \\ a_{10} & a_{11} \end{pmatrix} \begin{bmatrix} \alpha \\ \beta \end{bmatrix} = \begin{bmatrix} \alpha' \\ \beta' \end{bmatrix} \tag{4.16}$$

起初，量子位的状态为 $|\psi\rangle$，可表示为

$$|\psi\rangle = \begin{bmatrix} \alpha \\ \beta \end{bmatrix} \tag{4.17}$$

图 4.11 中的逻辑门对应矩阵

$$\begin{pmatrix} a_{00} & a_{01} \\ a_{10} & a_{11} \end{pmatrix} \tag{4.18}$$

将逻辑门应用于量子位，等价于用矩阵乘以量子位的概率向量：

$$\begin{pmatrix} a_{00} & a_{01} \\ a_{10} & a_{11} \end{pmatrix} \begin{bmatrix} \alpha \\ \beta \end{bmatrix} \tag{4.19}$$

逻辑门矩阵与量子位状态的乘积是描述量子位状态的新向量：

$$\begin{pmatrix} a_{00} & a_{01} \\ a_{10} & a_{11} \end{pmatrix} \begin{bmatrix} \alpha \\ \beta \end{bmatrix} = \begin{bmatrix} a_{00}\alpha + a_{01}\beta \\ a_{10}\alpha + a_{11}\beta \end{bmatrix} \tag{4.20}$$

将逻辑门应用于量子位之后，量子位的状态为：

$$\begin{bmatrix} a_{00}\alpha + a_{01}\beta \\ a_{10}\alpha + a_{11}\beta \end{bmatrix} = \begin{bmatrix} \alpha' \\ \beta' \end{bmatrix} \tag{4.21}$$

现在我们已经知道了逻辑门与矩阵运算的对应关系,接下来讨论与本章最重要的主题"叠加"有关的逻辑门。

4.4 阿达玛门:产生叠加态的门

要让粒子进入叠加态,需要用到一些复杂的物理学知识。但对于开发者来说,让一个量子位进入叠加态只需要对其应用一个特定的逻辑门。

图 4.12 展示了一种可以使处于 0 状态的量子位进入叠加态的逻辑门,称为阿达玛门(Hadamard gate)。

图 4.12　阿达玛门使量子位进入叠加态

阿达玛门是量子计算中最基础的概念之一。对值为 0 的量子位应用阿达玛门之后,该量子位在观测时有 50%的概率值为 0,50%的概率值为 1。

> **注意**:之前已经提过,但有必要再次重复:上文中的"观测时"一词非常重要。只要量子位不被观测,它就处于叠加态。其他门也可应用于其上,并可改变其概率。而当量子位被观测时,它的值不是 0,就是 1。

与泡利 X 门类似,作用于单个量子位的阿达玛门也可以用 2×2 矩阵表示。阿达玛门矩阵定义如下:

$$\frac{1}{\sqrt{2}}\begin{pmatrix} 1 & 1 \\ 1 & -1 \end{pmatrix} \tag{4.22}$$

我们想知道将这个逻辑门应用于状态为 $|0\rangle$ 的量子位会产生什么结果。这可以通过将逻辑门矩阵与量子位向量相乘得到:

$$\frac{1}{\sqrt{2}}\begin{pmatrix} 1 & 1 \\ 1 & -1 \end{pmatrix}\begin{bmatrix} 1 \\ 0 \end{bmatrix} = \frac{1}{\sqrt{2}}\begin{bmatrix} 1 \\ 1 \end{bmatrix} \tag{4.23}$$

上式说明将阿达玛门作用于状态为 $|0\rangle$ 的量子位后,该量子位将进入一个新的状态,观测值为 0 的概率是

$$\left(\frac{1}{\sqrt{2}}\right)^2 = \frac{1}{2} \tag{4.24}$$

观测值为 1 的概率也是

$$\left(\frac{1}{\sqrt{2}}\right)^2 = \frac{1}{2} \tag{4.25}$$

总而言之，将阿达玛门作用于状态为 $|0\rangle$ 的量子位后，该量子位进入叠加态，且观测值为 0 和 1 的概率相等。

如果将阿达玛门作用于状态为 $|1\rangle$ 的量子位有什么效果呢？这个量子位的向量表示为

$$\begin{bmatrix} 0 \\ 1 \end{bmatrix} \tag{4.26}$$

因此，将阿达玛门作用于这个量子位，相当于用阿达玛矩阵乘以这个向量：

$$\frac{1}{\sqrt{2}}\begin{pmatrix} 1 & 1 \\ 1 & -1 \end{pmatrix}\begin{bmatrix} 0 \\ 1 \end{bmatrix} = \frac{1}{\sqrt{2}}\begin{bmatrix} 1 \\ -1 \end{bmatrix} \tag{4.27}$$

如果对这个量子位进行观测，观测值为 0 的概率是

$$\left(\frac{1}{\sqrt{2}}\right)^2 = \frac{1}{2} \tag{4.28}$$

而观测值为 1 的概率是

$$\left(\frac{-1}{\sqrt{2}}\right)^2 = \frac{1}{2} \tag{4.29}$$

因此，在两种情况（$|0\rangle$ 和 $|1\rangle$ 的量子位）下，应用阿达玛门都会得到概率相等的观测值为 0 和 1 的量子位。

4.5　运用阿达玛门的 Java 代码

学习完阿达玛门的理论后，该在量子应用中使用它了。我们将使用阿达玛门创建随机数生成器，这是一个有用的应用程序，因为随机数在密码学中很有帮助。此示例的代码位于配套资源的 *ch04/hadamard* 目录中。这个示例包含两部分，第 1 部分只运行一次

应用程序，相关代码如清单 4.1 所示。

清单 4.1　运行利用阿达玛门的代码

```java
public static void singleExecution(String[] args) {
    QuantumExecutionEnvironment simulator = new
     SimpleQuantumExecutionEnvironment();
    Program program = new Program(1);
    Step step = new Step();
    step.addGate(new Hadamard(0));
    program.addStep(step);
    Result result = simulator.runProgram(program);
    Qubit[] qubits = result.getQubits();
    Qubit zero = qubits[0];
    int value = zero.measure();
    System.out.println("Value = "+value);
}
```

添加逻辑门的环境就绪

添加一个阿达玛门

执行这个量子程序

观测量子位，其值为 0 或 1

注意这个示例和第 3 章泡利 X 门示例的相似之处，我们将跳过与泡利 X 示例类似的步骤的详细说明。首先创建运行程序的 QuantumExecutionEnvironment 环境，然后创建处理单个量子位的 Program 实例和一个 Step 实例。

在此示例中，要添加一个阿达玛门，而非泡利 X 门：

```java
step.addGate(new Hadamard(0));
```

这样就对量子位应用了阿达玛门。量子位最初默认处于 $|0\rangle$ 状态。本章前面提到，对量子位应用阿达玛门，将产生一个观测值为 0 和 1 的概率均为 50% 的量子位。

代码的剩余部分与泡利 X 门的示例类似：将步骤加入程序，并在模拟器中运行程序。最后，观测这个量子位并打印其值。如果只运行一次这个程序，那么会看到的结果为

```
Value = 0
```

或

```
Value = 1
```

示例代码在打印出观测值后，还会用 StrangeFX 将量子电路可视化。这是以下这行代码的作用：

```java
Renderer.renderProgram(program);
```

图 4.13 为包含这个量子电路的窗口。量子位的观测值有 50% 的概率为 1。

将阿达玛门应用于
初值为0的量子位

观测时，值为1的概率为50%，
值为0的概率也为50%

图 4.13　渲染含一个量子位和一个阿达玛逻辑门的量子电路

　　示例的第 2 部分调用了 manyExecution 函数，这与前面讨论的 singleExecution 函数
类似，但是这次要运行程序 1000 次。只需创建 QuantumExecutionEnvironment 和 Program
一次，然后在应用中加入循环，如清单 4.2 所示。

清单 4.2　多次运行阿达玛代码片段

```
int cntZero = 0;
int cntOne = 0;
for (int i = 0; i < 1000; i++) {          运行循环
                                          1000 次                 运行量子
                                                                  程序
    Result result = simulator.runProgram(program);
    Qubit[] qubits = result.getQubits();
    Qubit zero = qubits[0];
    int value = zero.measure();           观测量子位
    if (value == 0) cntZero++;
    if (value == 1) cntOne++;             根据观测值（0 或 1），增
                                          加相应计数器的值
}
```

　　runProgram 方法在模拟器上被调用了 1000 次，每一次都观测了量子位的值。如果
量子位的值为 0，则 cntZero 计数器的值加 1。如果量子位的值为 1，则 cntOne 计数器的
值加 1。在循环结束后，输出结果：

```
System.out.println("Applied Hadamard circuit 1000 times, got "+ cntZero +
                   " times 0 and " + cntOne + " times 1.");
```

　　因此应用程序的运行结果应当类似于：

```
=================================================
1000 runs of a Quantum Circuit with Hadamard Gate
Applied Hadamard circuit 1000 times, got 510 times 0 and 490 times 1.
=================================================
```

　　上面创建的应用程序使用低级量子 API 的随机数生成器，并等待程序中的量子位进
入叠加态后对其进行观测。在量子模拟器上运行这个程序（或者扩展到在任何模拟量子

行为的经典计算机上运行它）时，由于其所谓随机的过程在某种程度上仍然是确定的，因此结果与使用经典算法生成随机数类似。通常，模拟器使用概率向量，在观测时使用随机数来选择其中一个概率，当然，还要考虑概率。

在真正的量子硬件上，当观测量子位时，大自然会选择一个值。这个过程是真正随机的（至少这是大多数量子物理学家目前假设的）。这个生成随机数的简短应用程序背后的原理看上去似乎有点复杂，但具有真正的价值：它展示了如何使用量子硬件生成真正的随机数。随机数在加密等许多领域都非常重要。

本章小结

- 使量子位进入叠加态的能力，是量子计算中的关键概念。
- 量子具有叠加态是量子计算机能够处理指数级复杂算法的原因之一。
- 量子计算机中量子位的状态可以用几种不同的符号描述。
- 将逻辑门应用于量子位，等价于在数学上将概率向量与逻辑门矩阵相乘。
- 阿达玛门是使量子位从基态进入叠加态的逻辑门。
- 可以利用 Strange 在 Java 量子应用程序中处理阿达玛门和叠加态。

第 5 章　纠缠

第 4 章介绍并解释了叠加态的概念。这个概念并不存在于经典计算中，这也是量子计算与经典计算的根本性差异之一。尽管如此，我们仍旧采用了一种 Java 开发者可以在代码中使用的方式来介绍叠加态。本章介绍量子纠缠，这也是一个经典计算中没有的概念，它能使量子计算变得强大。同样，本章也会展示如何模拟量子纠缠，并在 Java 代码中进行处理。

5.1　预测正反面

你看过魔术师对看起来随机的事件进行预测的魔术表演吗？观众可能从一副扑克牌中选择一张，魔术师不用看就能说出这是什么牌。或者观众可能抛掷一枚硬币，魔术师不用看就能说出是正面朝上还是反面朝上。

本章学习的代码就能做类似的事情。但是，这不涉及什么魔法，只需要利用量子物理的程序性结果。

本章使用抛硬币的正反面来类比。首先，编写两个抛掷硬币并观测结果的经典代码。然后，编写一个量子算法，用第 4 章介绍的叠加态来实现同样的目标。最后，使用一个新的逻辑门，将两个硬币纠缠在一起。尽管观测值依然是随机的，但依据其中一枚硬币的观测结果可以得出另一枚硬币的值。整体情况如图 5.1 所示。

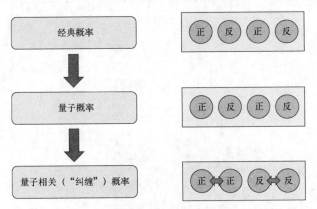

图 5.1　本章使用抛硬币的正反面进行类比

5.2　独立概率：经典方式

假设有两枚硬币 A 和 B，每枚硬币都可以是正面朝上或反面朝上。旋转这两枚硬币，在保持硬币旋转的前提下，将它们移动到两个不同的房间，然后等待硬币停止旋转，分别观察哪个面朝上。结果会怎样？我们不能给出确定的答案，但是可以描述概率。A 硬币有 50%的概率正面朝上，50%的概率反面朝上。同理，B 硬币也有 50%的概率正面朝上，50%的概率反面朝上。如果将正面朝上的表示值记为 0，反面朝上的表示值记为 1，则每枚硬币的观测值均有 50%的概率为 0，50%的概率为 1，如图 5.2 所示。

一共可以得到 4 种可能的组合：

- A 硬币正面朝上（0），B 硬币正面朝上（0）。用二进制记为 00，对应的十进制值为 0；
- A 硬币正面朝上（0），B 硬币反面朝上（1）。用二进制记为 01，对应的十进制值为 1；
- A 硬币反面朝上（1），B 硬币正面朝上（0）。用二进制记为 10，对应的十进制值为 2；

■ A 硬币反面朝上（1），B 硬币反面朝上（1）。用二进制记为 11，对应的十进制值为 3。

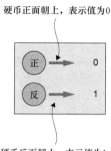

图 5.2 正面朝上 = 0，反面朝上 = 1

如前所述，在处理量子计算时常常要讨论概率。本例有 4 种结果，每种结果都对应一个概率。因此，概率可以用数组存储，各概率值的下标就是该种情况对应的十进制值。这个数组也称为概率向量。正/反面、二进制、十进制数之间的转换如图 5.3 所示。

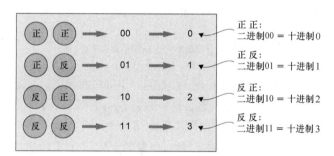

图 5.3 正反面的不同组合

如果硬币完全均匀，那么每种组合发生的概率都相等。因为概率的总和应当是 100%，所以每种组合发生的概率都是 25%，本例的概率向量可写为：

$$\boldsymbol{p} = \begin{bmatrix} 25\% \\ 25\% \\ 25\% \\ 25\% \end{bmatrix} \tag{5.1}$$

因此，如果进行 1000 次彼此独立的观测，那么每种结果发生的概率都应该在 250 次左右。不需要量子计算机检验，经典软件就够用了。下面包含 TwoCoins 类的 classiccoin 示例可以进行这个批量计算，如清单 5.1 所示。

清单 5.1　两个硬币的经典应用程序

进行 1000 次实验

```java
private static final int count = 1000;
private static final Random random = new Random();

private static boolean randomBit() {
    boolean answer = random.nextBoolean();
    return answer;
}

public static int[] calculate(int count) {
    int results[] = new int[4];
    for (int i = 0; i < count; i++) {
        boolean coinA = randomBit();
        boolean coinB = randomBit();
        if (!coinA && !coinB) results[0]++;
        if (!coinA && coinB) results[1]++;
        if (coinA && !coinB) results[2]++;
        if (coinA && coinB) results[3]++;
    }
    return results;
}
```

利用 Random 类生成随机数

生成并返回随机布尔值

计算表示两个硬币正反面的概率向量

创建两个随机位，每个都可以是真或假，且二者彼此独立

基于这两个位的值，将概率向量的对应值加 1

将概率向量返回给调用函数

　　以上代码片段中的 randomBit() 函数返回一个随机布尔值。Java 函数 Math. random() 可以生成一个 0 和 1 之间的随机数。这个数有 50% 的概率小于 0.5，此时随机布尔值为 0；另有 50% 的概率大于 0.5，此时随机布尔值为 1。

　　calculate(int count) 函数的输入为一个整数，定义了实验次数。函数返回 4 个整数组成的向量，每个值表示实验出现该种结果的次数。在本实验中，用 randomBit() 生成了 2 个随机布尔值（coinA 和 coinB），根据图 5.3 的转换方式，其中一个计数器将加 1。例如，如果 coinA 的值为 true，coinB 的值为 false，结果就是"反、正"（对应的二进制结果为 10），且下标为 2 的计数器加 1。应用程序的 main 方法如下：

调用 calculate 函数，返回不同可能结果发生次数的数组

```java
public static void main(String[] args) {
    int results[] = TwoCoins.calculate(count);
    System.out.println("We did "+count+" experiments.");
    System.out.println("0 0 occurred "+results[0]+" times.");
    System.out.println("0 1 occurred "+results[1]+" times.");
```

打印不同的结果

```
System.out.println("1 0 occurred "+results[2]+" times.");
System.out.println("1 1 occurred "+results[3]+" times.");
Platform.startup(() -> showResults(results));
}
```

将结果用图
表呈现

注意：上述代码使用 JavaFX 将结果画成图表，但是其详细内容超出本书范围。

运行这一应用程序，可看到近似平均分布的结果：

```
We did 1000 experiments.
0 0 occurred 272 times.
0 1 occurred 239 times.
1 0 occurred 243 times.
1 1 occurred 246 times.
```

应用程序还会绘出一个分布图，如图 5.4 所示。多次运行这个应用程序，可看到每次概率都会有所不同。但是从整体上看，所有的概率都基本均等，即这些数值都在一个相同的区间内。

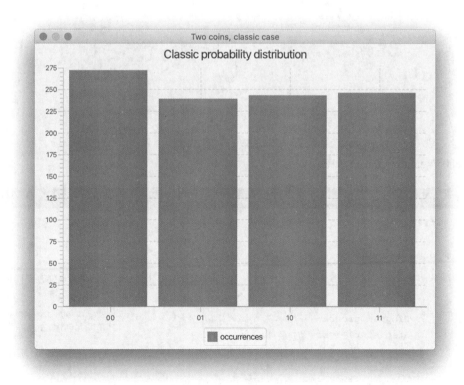

图 5.4　概率的分布

5.3　独立概率：量子方式

至此，实验仅展示了在经典计算机上用经典算法模拟抛硬币的随机结果，这没什么特别让人兴奋的。现在迁移到量子计算机实现类似的功能。第 4 章用量子逻辑门编写了随机数生成器。更具体地说是学习了阿达玛门可以将量子位带入叠加态。在观测时，量子位将坍缩到某一个基态，观测值为 0 或 1。

如果将第 4 章的系统扩展到两个量子位，并且对另一个量子位也应用阿达玛门，就可以用量子位来模拟两个硬币的（经典）示例了，如图 5.5 所示。

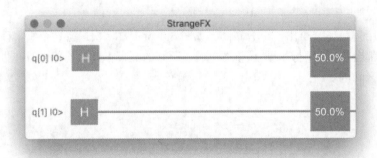

图 5.5　拥有两个量子位的量子电路

现在编写生成这个电路并观测结果的代码。本示例的代码位于配套资源的 ch05/quantumcoin 目录中，如清单 5.2 所示。

清单 5.2　两个硬币的量子应用

```
private static final int COUNT = 1000;        ◁──── 进行 1000 次实验

public static void main(String[] args) {
    int results[] = new int[4];                    ◁──── 结果向量储存不同可能结果
    QuantumExecutionEnvironment simulator = new            发生的次数
            SimpleQuantumExecutionEnvironment();   ◁──── 创建 QuantumExecutionEnvironment
    Program program = new Program(2);                     环境，并创建 program 程序
    Step step1 = new Step();
    step1.addGate(new Hadamard(0));
    step1.addGate(new Hadamard(1));
    program.addStep(step1);
    for (int i = 0; i < COUNT; i++) {             ◁──── 执行 1000 次程序，
        Result result = simulator.runProgram(program);    并观测结果
```

```
                    Qubit[] qubits = result.getQubits();
                    Qubit zero = qubits[0];
                    Qubit one = qubits[1];
                    boolean coinA = zero.measure() == 1;
                    boolean coinB = one.measure() == 1;
                    if (!coinA && !coinB) results[0]++;
                    if (!coinA && coinB) results[1]++;
                    if (coinA && !coinB) results[2]++;
                    if (coinA && coinB) results[3]++;
            }
            System.out.println("We did "+COUNT+" experiments.");
            System.out.println("[AB]: 0 0 occurred "+results[0]+" times.");
            System.out.println("[AB]: 0 1 occurred "+results[1]+" times.");
            System.out.println("[AB]: 1 0 occurred "+results[2]+" times.");
            System.out.println("[AB]: 1 1 occurred "+results[3]+" times.");

            Renderer.renderProgram(program);
            Renderer.showProbabilities(program, 1000);
    }
```

根据结果，将相应计数器的值加 1

显示本程序的电路

在用户界面中输出不同可能结果发生的概率

运行代码后，就会看到与经典情况类似的分布。程序会打印如下输出：

```
We did 1000 experiments.
[AB]: 0 0 occurred 246 times.
[AB]: 0 1 occurred 248 times.
[AB]: 1 0 occurred 244 times.
[AB]: 1 1 occurred 262 times.
```

图 5.6 展示了其分布的可视化。

各种结果的概率都是 25%，例如，实验得到下标为 0 的结果的概率为 25%，对应的观测值为 00。其余结果的概率也是 25%。

分析代码或图 5.5 中的电路，便可以预测这一结果。在代码中，要用这个构造函数创建涉及两个量子位的量子程序：

```
Program program = new Program(2);
```

这个程序包含一个把阿达玛门应用于每个量子位的步骤：

```
Step step1 = new Step();
step1.addGate(new Hadamard(0));
step1.addGate(new Hadamard(1));
```

将这个步骤加入程序中：

```
program.addStep(step1);
```

观测的概率分布

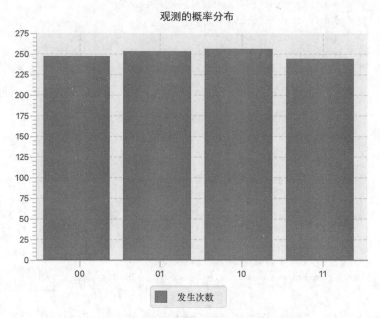

图 5.6   两个量子硬币的概率分布

因此，程序也包含一个在每个量子位上应用一次阿达玛门的步骤。直观上看，量子位之间显然没有联系，两个量子位在观测时的值都会随机为 0 或 1，相互独立。同样，这看起来与 5.2 节中的经典位情况类似。

5.4   纠缠的物理概念

5.3 节的算法使用量子算法实现了与经典算法相同的结果，接下来就要介绍之前提到的超越经典的能力。

本节先绕道物理世界，解释量子纠缠的物理概念，之后再回到软件世界，展示如何表示这种现象。

量子位的物理表征，可以实现经典位的物理表征无法实现的东西，而且可以在软件表示中使用。在经典软件中，两个位不会相互影响。当然，可以将一个位的值复制到另一个位，然后显式地为第 2 个位分配一个值。

下面要用到的量子现象称为量子纠缠。这是最奇怪的物理现象之一，历史上一些最聪明的物理学家曾对此进行了激烈的讨论。关于什么是量子纠缠以及它如何与其他物理概念相适应，仍然存在争议。

奇怪？正常！

物理学家理查德·费曼曾说："如果你自认为了解量子力学，则说明你根本就不了解量子力学。"幸运的是，如果只是想使用它，则并不需要了解量子力学。尽管思考量子计算背后的量子力学概念十分有趣，但在对量子计算机进行编程之前，不需要对它们进行深入了解。同理，即使不了解晶体管的工作原理，也可以成为经典计算领域的优秀开发者。

之前说过，量子位的物理表征具有一种属性（称为自旋），可以处于两种状态中的任何一种，也可以处于这两种状态的叠加态。可以创建多个量子位并将它们带入叠加态，这是第 4 章中的基本物理方法。如果将应用程序发送到一台真正的量子计算机，相应的物理流程是使两个量子位分别进入叠加态，然后进行观测。图 5.7 显示了这种分布。

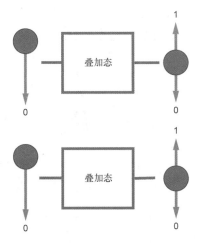

图 5.7　两个粒子分别进入叠加态

观测其中一个粒子，有 50%的概率观测到其自旋向上，50%的概率观测到其自旋向下。观测另一个粒子，也是有 50%的概率观测到其自旋向上，50%的概率观测到其自旋向下。第 2 次观测与第 1 次观测的结果相互独立，如图 5.8 所示。

在图中可以看到，这种观测共有 4 种可能的结果，这与前述章节展示的一致：在观测两个相互独立的、处于叠加态的量子位时，共有 4 种可能的结果，且概率均为 25%。

能实现叠加态就已经很神奇了，而纠缠更甚。纠缠的粒子或纠缠的量子位能共享状态。它们可能看起来是叠加态的独立粒子，但只要观测其中一个，另一个的观测结果也就确定了。有很多方法可以创建两个相互纠缠的粒子，但在此不讨论这个创建过程。这一过程的示意图如图 5.9 所示。

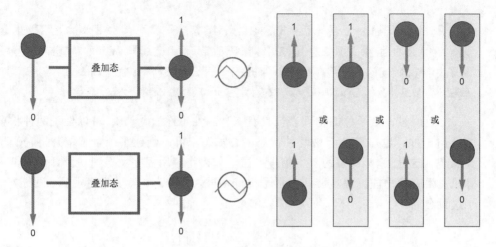

图 5.8 观测两个叠加态粒子

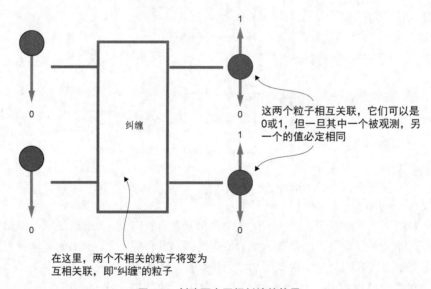

这两个粒子相互关联,它们可以是0或1,但一旦其中一个被观测,另一个的值必定相同

在这里,两个不相关的粒子将变为互相关联,即"纠缠"的粒子

图 5.9 创建两个互相纠缠的粒子

根据示意图,在物理纠缠操作之后,两个粒子都处于叠加状态。到目前为止,这看起来与前一种情况完全相同。然而事实证明,当观测纠缠对中的一个粒子并确定其状态时,另一个粒子的状态也随之确定。根据我们使用的纠缠技术,第 2 个粒子的状态可以与第 1 个粒子的状态相同或者相反。为简单起见,假设我们使用的纠缠技术使两个粒子在观测时的状态相同。

观测第 1 个粒子时,有 50%的概率观测到自旋向上,50%的概率观测到自旋向下。

到目前为止，这与前一种情况（两个叠加态粒子）完全相同。观测第 2 个粒子时，也有 50%的概率观测到自旋向上，50%的概率观测到自旋向下。但是，与前一种情况的关键区别在于，两个观测结果不再是独立的：如果观测到第 1 个粒子自旋向上，第 2 个粒子就有 100%的概率被观测到自旋向上；如果观测到第 1 个粒子自旋向下，第 2 个粒子就有 100%的概率被观测到自旋向下。整体情况如图 5.10 所示。

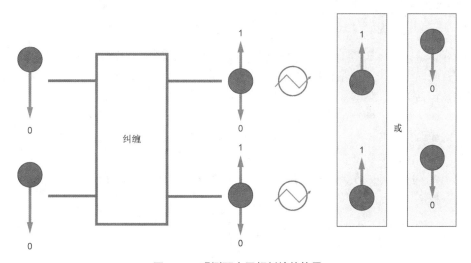

图 5.10　观测两个互相纠缠的粒子

在这种情况下，可能的结果不再是前面的 4 种，而是只有 2 种，即[上,上]或者[下,下]，每种结果的概率都是 50%，不可能得到[上,下]或者[下,上]的结果。因此，当观测粒子时，貌似它们可以产生随机值，但是这种观测却 100%依赖于对方。

纠缠硬币的类比
　　现在可以达成本章开头提到的目标：预测旋转硬币的结果，而这似乎是完全随机的。确实，硬币可以是正面或者反面朝上，但其结果将与纠缠硬币的结果相同。因此，只要观察硬币，就可以获知另一枚硬币的结果。请注意，这是一个类比，这里谈论的量子纠缠适用于亚原子粒子，而不能推广到硬币这样的宏观物体上。

　　注意：两个粒子互相纠缠，并不意味着它们都处于自旋向上或自旋向下的状态，而只是我们不知道是哪一种。它们都可以是叠加态，直至观测其中之一。这一结果非常重要，我们将在后续章节学习。

　　下面我们要返回软件世界。我们需要找到一种用逻辑门表示量子纠缠的方法，从而在程序中创建这种纠缠。

5.5　表征量子纠缠的逻辑门

第 4 章已经提到，叠加态的物理概念可以在软件中通过阿达玛门实现。本节将演示量子纠缠的概念如何通过两个逻辑门的组合在量子计算中实现。

5.5.1　转换为概率向量

两个量子位纠缠的结果是，它们在观测时都为自旋向上或自旋向下。可以用概率向量表示这一信息。量子位自旋向上即为 1，自旋向下即为 0。因此，只有 00（量子位均为自旋向下）和 11（量子位均为自旋向上）的组合是可能出现的。我们需要建立的概率向量包括如下元素。

- 00（下标为 0）：50%的概率，两个量子位均为自旋向下。
- 01（下标为 1）：0%的概率，一个量子位自旋向下，另一个自旋向上。
- 10（下标为 2）：0%的概率，一个量子位自旋向上，另一个自旋向下。
- 11（下标为 3）：50%的概率，两个量子位均为自旋向上。

概率向量如下：

$$\frac{1}{\sqrt{2}}\begin{bmatrix}1\\0\\0\\1\end{bmatrix} \tag{5.2}$$

式中出现 $\sqrt{2}$ 是因为概率相当于向量中相应元素的平方。而观测值为 00（下标为 0）的概率确实等于相应元素的平方：

$$\left(\frac{1}{\sqrt{2}}\right)^2 1^2 = 0.5 \tag{5.3}$$

结果为 50%。同理，观测值为 11（下标为 3）的概率也等于相应元素的平方：50%。观测值为 01（下标为 1）的概率等于相应元素的平方：

$$\left(\frac{1}{\sqrt{2}}\right)^2 0^2 = 0 \tag{5.4}$$

结果为 0。

5.5.2　受控非门（CNOT 门）

现在需要寻找逻辑门的组合，以实现上面列出的概率向量。这很容易实现，但需要一个新的逻辑门：受控非门（CNOT 门）。受控非门作用于两个量子位，其符号表示如图 5.11 所示。

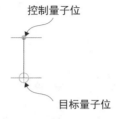

控制量子位

目标量子位

图 5.11 受控非门的示意图

受控非门中的两个量子位通常称为控制量子位和目标量子位。受控非门的行为如下。

- 若控制量子位为 $|0\rangle$，则无事发生。受控非门作用后的状态与作用前的状态完全相同。
- 若控制量子位为 $|1\rangle$，则翻转目标量子位：如果目标量子位为 $|0\rangle$，则翻转为 $|1\rangle$；如果目标量子位为 $|1\rangle$，则翻转为 $|0\rangle$。

可以用一个简单的 Strange 应用程序验证这种行为。名为 cnot 的示例展示了受控非门在 4 种情况下的行为。受控非门作用于两个量子位，用量子位状态为 $|0\rangle$ 或 $|1\rangle$ 的 4 种边界情况查看其结果。示例中的 main 方法调用 4 种情况的代码如下：

```
public static void main(String[] args) {
    run00();
    run01();
    run10();
    run11();
}
```

run00()方法将受控非门作用于两个状态为 $|0\rangle$ 的量子位。run01()方法作用的量子位的状态分别为 $|0\rangle$ 和 $|1\rangle$。同理，run10()方法将受控非门作用于状态分别为 $|1\rangle$ 和 $|0\rangle$ 的两个量子位。最后，run11()方法将受控非门作用于两个状态为 $|1\rangle$ 的量子位。

在运行 run00()的第 1 种情况中，应用受控非门前的量子位状态均为 $|0\rangle$。因为受控量子位（第 1 个量子位）为 $|0\rangle$，所以结果应该没有任何变化。图 5.12 将结果可视化。与预期相同，电路的结果总是状态为 Off 的量子位，这说明在观测时，得到的观测值永远为 0。

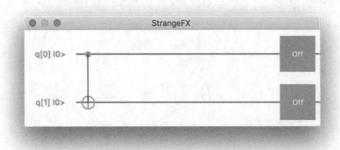

图 5.12　对 $|00\rangle$ 应用受控非门

接下来查看这一输出的代码，现在你应该已经熟悉其中的大部分：

```
QuantumExecutionEnvironment simulator =
        new SimpleQuantumExecutionEnvironment();
Program program = new Program(2);
Step step1 = new Step();
step1.addGate(new Cnot(0,1));
program.addStep(step1);
Result result = simulator.runProgram(program);
Qubit[] qubits = result.getQubits();
Qubit q0 = qubits[0];
Qubit q1 = qubits[1];
int v0 = q0.measure();
int v1 = q1.measure();
System.out.println("v0 = "+v0+" and v1 = "+v1);
Renderer.renderProgram(program);
```

新建运行量子程序的环境

创建作用于 2 个量子位的程序

向程序中的第 1 个步骤添加受控非门。因为受控非门作用于 2 个量子位，所以需要分别明确指出。因此，受控非门的构造函数有 2 个参数：控制量子位（本例中为第 1 个，下标为 0）和目标量子位（本例中为第 2 个，下标为 1）

运行程序，观测结果

渲染程序和输出结果

另外 3 种情况需要一个额外的步骤：在应用受控非门前，至少 1 个量子位需要为 $|1\rangle$ 状态。根据第 3 章学过的内容，用泡利 X 门就能实现这种效果。下面的代码片段展示了在控制量子位为 $|0\rangle$ 而目标量子位为 $|1\rangle$ 的情况下，对其应用上述程序的方法：

```
Program program = new Program(2);
Step step1 = new Step();
step1.addGate(new X(1));
program.addStep(step1);
Step step2 = new Step();
step2.addGate(new Cnot(0,1));
program.addStep(step2);
```

创建第 1 个步骤

对目标量子位（下标为 1）应用泡利 X 门，并加入这个步骤

创建第 2 个步骤，应用受控非门，并加入程序

图 5.13 展示了电路的可视化输出结果。输入状态为 $|01\rangle$ 和 $|11\rangle$ 的代码与此类似，都可以在示例中找到。

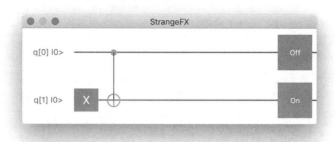

图 5.13 对 $|10\rangle$ 应用受控非门

　　如果运行示例程序，就会看到 4 个可视化结果，分别对应程序应用于 4 种输入的情况。图 5.14 和图 5.15 展示了另外的两种情况。表 5.1 总结了受控非门翻转（或保持）控制量子位和目标量子位的各种情况。

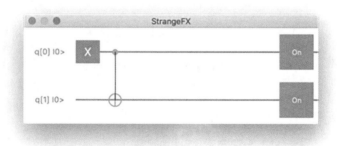

图 5.14 对 $|01\rangle$ 应用受控非门

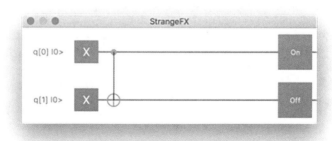

图 5.15 对 $|11\rangle$ 应用受控非门

表 5.1   受控非门的行为

q0（作用前）	q1（作用前）	q0（作用后）	q1（作用后）
0	0	0	0
0	1	0	1
1	0	1	1
1	1	1	0

5.6　创建贝尔态：相关概率

5.5 节的 4 个例子是受控非门的输入为 $|0\rangle$ 或 $|1\rangle$ 的特殊情况。如果控制量子位处于叠加态，如图 5.16 所示，结果又会如何呢？

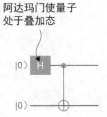

图 5.16　对处于叠加态的控制量子位应用受控非门

前面介绍过，阿达玛门可以使量子位进入叠加态。创建这一电路的代码可在 bellstate 示例中找到。

```java
public static void main(String[] args) {
    QuantumExecutionEnvironment simulator = new
     SimpleQuantumExecutionEnvironment();
    Program program = new Program(2);
    Step step1 = new Step();
    step1.addGate(new Hadamard(0));
    program.addStep(step1);
    Step step2 = new Step();
    step2.addGate(new Cnot(0,1));
    program.addStep(step2);
    Result result = simulator.runProgram(program);
    Qubit[] qubits = result.getQubits();
    Qubit q0 = qubits[0];
    Qubit q1 = qubits[1];
    int v0 = q0.measure();
    int v1 = q1.measure();

    Renderer.renderProgram(program);
```

```
        Renderer.showProbabilities(program, 1000);
    }
```

运行这一应用程序，得到的输出可为

```
Result of H-CNot combination: q0 = 0, q1 = 0
```

或

```
Result of H-CNot combination: q0 = 1, q1 = 1
```

之一。

无论运行这个应用程序多少次，得到的结果一定为以上之一，而不可能是

```
Result of H-CNot combination: q0 = 0, q1 = 1
```

或

```
Result of H-CNot combination: q0 = 1, q1 = 0
```

运行应用程序时，除了文字输出，还可看到电路输出及概率分布。从图 5.17 的电路输出，可以看到量子位 0 的观测值有 50%的概率为 0，50%的概率为 1。同理，输出表明量子位 1 的观测值也有 50%的概率为 0，50%的概率观测值为 1。

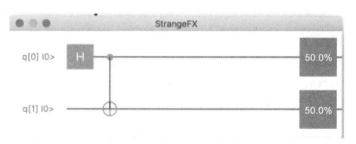

图 5.17 对处于叠加态的控制量子位应用受控非门的结果

这一结果与多次运行示例程序的结果一致——第 1 个量子位和第 2 个量子位的观测值都可以是 0 或 1。但是这一输出并没有表示出我们发现的另一个约束条件：它们的取值组合是有限制的。从文字输出可以看到，如果第 1 个量子位的观测值为 0，则第 2 个量子位的观测值也为 0。如果第 1 个量子位的观测值为 1，则第 2 个量子位的观测值也为1。这可以通过概率分布看出，如图 5.18 所示。

这是个很有意思的结果。看起来将受控非门应用于一对量子位时，如果控制量子位处于叠加态，而目标量子位处于 $|0\rangle$ 状态，则其结果一定是得到相互纠缠的一对量子位。我们在这里看到的结果与前面量子纠缠的描述完全一致。这一结果也称为贝尔态。

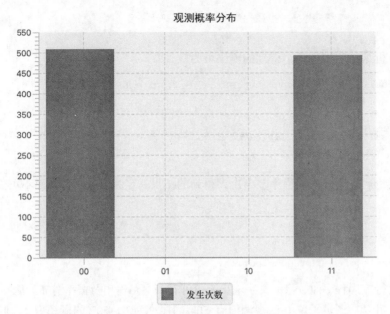

图 5.18 对处于叠加态的控制量子位应用受控非门的概率分布

注意： 观测纠缠量子位的其中一个量子位时，其值似乎是完全随机的。这没错，但是这
两个纠缠量子位的随机值之间是完全对应的。

因此，通过阿达玛门和受控非门的组合，即可创建量子纠缠。这里创建一词并不完
全准确，因为我们并没有在物理上创建纠缠，但是创建的电路与两个纠缠量子位得到的
概率分布结果一致。这说明我们找到了一种用程序表达量子纠缠行为的方法。后续章节
将会广泛运用这种行为。

5.7 《玛丽有个小量子位》

你已经学习了量子计算的基本概念，现在可以开始将它们运用在应用程序当中了。
为了快速上手，根据 Stephen Chin 为展示 Java 中流和 lambda 函数的使用方法而编写
的《玛丽有个小 lambda》游戏，我们也编写了一个简单的游戏。

我们让玛丽管理的小羊羔变为量子位。代码位于配套资源的 ch05 文件夹中，名为
maryqubit，可以输入以下命令运行游戏：

```
mvn clean javafx:run
```

初始画面如图 5.19 所示。

图 5.19 《玛丽有个小量子位》的初始画面

可以看到玛丽所在的画面中有几个元素，一些表示量子逻辑门：当羊羔穿过逻辑门时，若逻辑门有效，就会应用于羊羔量子位。同时，屏幕上方会给出对应的量子电路。

通过这个游戏可以发现很多事情，你最好能浏览源代码。接下来是一个特别有趣的练习：让玛丽穿过这些逻辑门，创建含 3 个量子位的电路，使其表现出贝尔态，而且第 3 个量子位通过阿达玛门。结果应如图 5.20 所示。

图 5.20 贝尔态和对第 3 个量子位使用阿达玛门

查看游戏的代码，就会知道如何将 Strange 模拟器、StrangeFX 可视器以及你的应用程序结合起来。这里使用 StrangeBridge 类将这些元素组合在了一起。

本章小结

■ 量子纠缠是两个量子位共享的状态，量子位的属性并非相互独立。

■ 在量子计算中，可以利用量子纠缠以及将其纳入考虑的量子逻辑门达成我们的目的。

■ 利用 Strange，可以简单地创建两个纠缠量子位并观测它们的状态。

第6章　量子网络初探

前面已经充分讨论了量子计算。计算确实是软件世界的重要部分，但目前软件开发者开发的大部分应用程序并非独立工作，而很可能包含不在同一服务器上的模块。这些模块通过 REST 接口等与外部组件通信，从数据存储系统读取和写入信息。通常，软件是分布式的。软件应用程序完整运行的关键要素之一，是可靠且可预测的计算机网络。图 6.1 展示了通过网络将各种模块组合起来的经典应用程序的典型配置。

经典计算机非常依赖经典网络。同理，量子计算也可以从量子网络中获益。

前面的章节聚焦于量子计算机，讲解了量子计算机如何管理量子位，并将逻辑门应用于这些量子位，还创建了一些处理量子位和逻辑门的小型程序。所有的量子位和逻辑门都在本地程序中运行。虽然没有明确做出假设，但如果量子位都位于单台量子计算机中，并且逻辑门也在这台量子计算机中，这也是合理的，如图 6.2 所示。

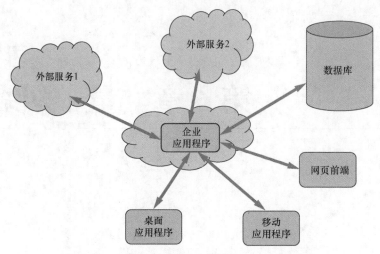

图 6.1 在网络中利用多个模块的经典应用程序

图 6.2 单个量子计算机

要想运行前几章中创建的量子程序，所需要的一切条件都可以由单台量子计算机提供。量子模拟器 Strange 也适用于类似的情况。到目前为止创建的所有应用程序都在 SimpleQuantumExecutionEnvironment 环境中执行。

在量子计算机上运行那些有用的量子应用程序，应当需要大量的量子位。但是，你将在本章中体验到，有一些量子应用程序可以在具有少量量子位的量子计算机网络中工作。图 6.3 展示了通过量子网络连接的 3 台小型量子计算机的示例。小型量子计算机实际上可能是具有某些量子能力（如具有观测或操作单个量子位或几个量子位的能力）的经典计算机。

量子网络支持量子计算机交换量子位。因此，一台计算机的量子位可以转移到另一台计算机。这听起来类似于一台计算机向另一台计算机发送位的经典情形。

图 6.3　由 3 台小型量子计算机组成的量子网络

6.1　量子网络的拓扑结构

　　最简单的量子网络形式，就是两台量子计算机直接连接，如图 6.4 所示。在满足本章的限制条件时，现有的电信光纤连接就可用于将量子位从一台量子计算机传输到另一台量子计算机。

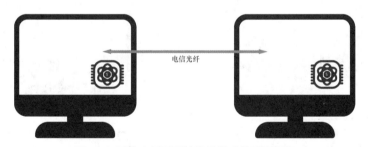

图 6.4　两台小型量子计算机组成的量子网络

　　更有价值的量子网络包含两台以上的量子计算机。与经典网络一样，量子网络解决复杂问题的能力会随着连接计算机的数量增加而增长。添加计算机可以将繁重的计算负载分散在不同的计算实例之间，或者将系统与不同输入连接。图 6.5 展示了一种可能的配置。

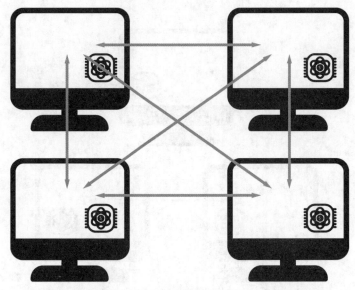

图 6.5　大量小型量子计算机组成的量子网络

　　这样的网络拓扑更难实现，因为它需要计算机之间的直接连接。一种典型的联网方法是使用交换机将流量分发到正确的计算机上，如图 6.6 所示。尽管量子网络的网络拓扑可能看起来与经典网络的网络拓扑相似，但它们存在很大差异，这一方面使量子网络的实现变得更加困难，但另一方面也开辟了新的机会。

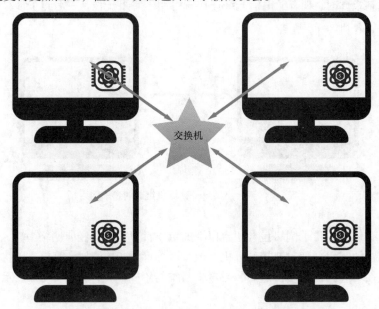

图 6.6　大量小型量子计算机利用交换机组成的量子网络

提示：目前可以考虑的最有趣的情况之一是，第 5 章编写的代码表示系统中的两个量子位可以纠缠在一起。量子程序的结果就取决于这种纠缠。如果将其中一个量子位发送到另一台量子计算机，并成为另一个量子程序的一部分，这时会发生什么？

6.2　量子网络的障碍

在谈论量子网络的好处之前，不要期望过高。学完本节内容，我们就会知道，通过经典网络发送位的典型方法并不适用于量子网络。6.3 节将讲述解决此问题的方法，而且说明这样做将带来巨大的新机会，例如安全通信。

6.2.1　Java 中的经典网络

在经典网络的典型情形中，信息可以从一台计算机传输到另一台计算机。先来看一看这在 Java 应用程序层是如何发生的。

注意：在典型的 Java 应用程序中，开发者可以利用位于底层网络 API 之上的库。这些库是 Java 平台的一部分，通常提供了利用 XML、JSON 等语言或格式将信息从一台计算机传输到另一台计算机的简便方法。示例中使用的底层网络 API 可以帮助我们理解信息是如何从一台计算机传输到另一台计算机的。

开发者通常使用与底层代码隔离的高级网络库。在大多数企业级应用中，Java 开发者几乎不会手动创建 java.net.Socekt 类的实例，但是他们调用的库使用了与之相关的类。同样，多数开发者利用量子计算编写应用程序时，也不需要直接调用实现量子通信的底层类。高级库将底层复杂的操作隐藏起来，开发者不用手动编写代码，就能利用量子通信。

这样的量子网络栈的蓝图还没有最终成型。一些组织和标准化机构正在探讨如图 6.7 所示的经典栈对应的量子版本。量子互联网联盟（Quantum Internet Alliance）提出了一个有趣的方案。图 6.8 展示了代尔夫特理工大学 QuTech 组织的 Axel Dahlberg 提出的量子网络栈方案。关于此栈的更多信息可参考 arXiv 上编号为 1903.09778 的文章。

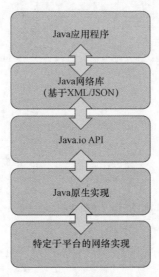

图 6.7   Java 应用程序调用网络库的典型方法

应用层	
传输层	传输量子位
网络层	远距离纠缠
连接层	生成健壮的纠缠
物理层	生成尝试性的纠缠

图 6.8   QuTech 提出的量子网络栈

将量子网络和经典网络进行对比，有助于了解量子网络带来的挑战和机遇。在配套资源的 ch06/classic 目录中的示例中，main 这个 Java 文件演示了如何在 Java 中完成底层的网络连接。相关代码如清单 6.1 所示。

清单 6.1   发送一个字节的经典网络应用程序

```
static final int PORT = 9753;    ◁───┐ 这里定义的 PORT 端口号在发送
                                      数据和接收数据的线程间共享

public static void main(String[] args)
            throws InterruptedException {
```

```
      startReceiver();
      startSender();          发送字节的代码在另
    }                         一个线程上运行

    static void startSender() {
      Thread thread = new Thread(() -> {
        try {
          byte b = 0x8;
          System.err.println("[Sender] Create a connection
                          to port "+PORT);     发送线程开启底层
          Socket socket = new Socket("localhost", PORT);   Java 网络套接字
          OutputStream outputStream =
                  socket.getOutputStream();
          System.err.println("[Sender] Write a byte: "+b);  发送者向接收套接
          outputStream.write(b);                            字写一个特定字节
          outputStream.close();
          System.err.println("[Sender] Wrote a byte: "+b);
        } catch (IOException e) {        传输的字节值仍然可
          e.printStackTrace();           以被发送者利用（例
        }                                如可将其打印）
      });
      t.start();
    }
                                         接收者开启底层 Java
    static void startReceiver()          网络服务器套接字, 监
            throws InterruptedException {  听传入的请求

      final CountDownLatch latch = new CountDownLatch(1);
      Thread thread = new Thread(() -> {
        try {
          System.err.println("[Receiver] Starting to listen
                      for incoming data at port "+PORT);
          ServerSocket serverSocket =
                  new ServerSocket(PORT);
          latch.countDown();                    当服务器套接字发现连接, 发送者和接
          Socket s = serverSocket.accept();     收者之间就建立了直接套接字连接
          InputStream inputStream = s.getInputStream();
          int b = inputStream.read();
          System.err.println("[Receiver] Got a byte "+b);   接收者打印接收
        } catch (IOException e) {                           到的字节的值
          e.printStackTrace();
        }
```

接收字节的代码在一个线程上运行

接收者从连接中读一个字节

```
    });
    thread.start();
    latch.await();
}
```

上述应用程序的输出如下所示：

```
[Receiver] Starting to listen for incoming data at port 9753
[Sender] Create a connection to port 9753
[Sender] Write a byte: 8
[Sender] Wrote a byte: 8
[Receiver] Got a byte 8
```

注意，将字节发送到另一台计算机之后，本地仍然存有它的值。在计算机内部，Java中声明的字节指向计算机中的一些内存，当它传输到另一台计算机时，并不会被从内存中删除。操作系统的低级网络驱动程序会读取特定内存位置的字节值，并将该值的副本发送到另一台计算机。

对于熟悉网络软件的开发者而言，这是很显然的。的确，对于经典的情况这确实是显然的，但是当谈论量子计算机时，就并非显而易见了。为了在更高层次解释这一挑战，先来看一看刚刚创建的 Java 程序的示意图，如图 6.9 所示。

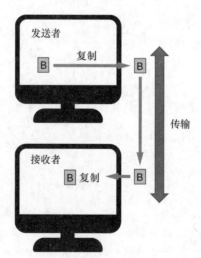

图 6.9　将一个字节（记作 B）从发送者传输到接收者

注意： 这个程序在同一台计算机上创建了两个线程，而图中显示了两台不同的计算机。后者当然更接近现实，但在展示计算机网络时，通常使用同一台计算机上两个线程之间的通信作为示例，这些线程通过套接字进行通信。套接字的端点由 hostname

和 portnumber 的组合来定义。hostname 对应计算机的物理地址，portnumber 对应计算机的内部端口。对于我们的目标而言，指定一个端口号，并在一个计算机内进行通信，就足够了。

图 6.9 展示了传统网络的两个主要步骤：

（1）复制想要传输的字节；

（2）将这个字节通过网络传输到另一台计算机（这里又复制了一次）。

然而坏消息是，这些步骤在量子计算中都存在问题：

（1）量子位不能被复制；

（2）量子位不易远距离传输。

后面几节详细讨论这些问题，解释如何解决这些问题，并将其转化为机遇。

6.2.2　量子不可克隆定理

不可克隆定理是量子计算的核心概念之一，该定理指出，不可能精确地复制量子位。在经典计算中，可以观察位的值，并创建一个具有相同值的新位。这个步骤并不会更改原始位的值。

下面的 Java 代码展示了如何将一个 Boolean 对象复制到另一个 Boolean 对象。注意这个步骤可以在 Java 中更简单地实现，但我们想要模拟复制的行为，从而在后面用同样的方法尝试创建量子位对象。

```java
static Boolean makeCopy(Boolean source) {        ◁  makeCopy 方法以一个布尔对象
  Boolean target;                                    作为输入，并返回一个与输入同
  if (source == true) {                              值的布尔对象
    target = new Boolean(true);
  } else {
    target = Boolean.valueOf(false);
  }
  return target;
}

public static void main(String[] args) {            生成一个值为真的布尔对象，
  Boolean tr = Boolean.TRUE;                         并打印原值和复制值
  Boolean trueCopy = makeCopy(tr);            ◁
  System.err.println("Source: "+tr+" and copy : "+trueCopy);

  Boolean fa = Boolean.FALSE;
```

```
Boolean falseCopy = makeCopy(fa);
System.err.println("Source: "+fa+" and copy : "+falseCopy);
}
```

生成一个值为假的 Boolean 对象，
并打印原值和复制值

以上代码片段位于配套资源的 ch06/classiccopy 目录中，代码中的 makeCopy 方法以
Boolean source 作为输入参数，并返回一个与 source 实例同值的新 Boolean 实例。如果
source 实例的值为 true，则返回实例的值也为 true。而如果 source 实例的值为 false，则
返回实例的值也为 false。

返回的 Boolean 对象是一个新的独立对象。在应用 makeCopy 方法之后，source
的值和返回示例的值完全相同。通过重复这一过程，可以复制生成一系列完全相同
的位。

在量子计算中，同样的方法值得一试。记住如式（4.3）所述，可以用 $|0\rangle$ 和 $|1\rangle$ 的线
性组合表达量子的状态：

$$|\psi\rangle = \alpha|0\rangle + \beta|1\rangle \tag{6.1}$$

查看 org.redfx.strange 包的 Strange 模拟器中 Qubit 类源代码，我们会注意到这个类
包含以下字段：

```
private Complex alpha;
private Complex beta;
```

这些字段包含模拟器执行运算所需的量子位信息。为 Qubit 类添加一个构造函数：

```
public Qubit(Qubit src) {
    this.alpha = src.alpha;
    this.beta = src.beta;
}
```

这样，我们就有了一个复制量子位的 Java 方法。我们可以在量子应用程序中使用
它，编写代码，愉快地在各处复制量子位。然而，在真正的量子计算机上实现这一点是
不可能的。因此，应用程序虽然可以在 Strange 模拟器中复制量子位，但无法在真正的
量子计算机上运行。因此，Strange 中没有 Qubit 的复制构造函数。

概率

　　量子位的实际值并非观测值。量子位之所以强大，就是因为它蕴含着观测值为 0 和 1 的概
率。简单地观测量子位并不足以重现这一概率。

在量子计算中，如果想得知量子位在叠加态中的值，就必须对它进行观测。
正如之前介绍的，观测量子位会破坏它的叠加态，使它坍缩到一个基态。因此，
这种做法会破坏原来的量子位，而且我们没有足够的信息创建具有相同值的新量

子位。下面来举个例子。

假设一个量子位的观测值为 0 和 1 的概率分别为 25% 和 75%，这个量子位的状态可这样表示：

$$|\psi\rangle = \frac{1}{2}|0\rangle + \frac{\sqrt{3}}{2}|1\rangle \qquad (6.2)$$

要求观测值为 0 的概率，需要对 α 取平方。在本例中，α 等于 $1/2$，因此 α 的平方等于 $1/4$ 或 25%。同理，观测值为 1 的概率是 $\sqrt{3}/2$ 的平方，等于 $3/4$ 或 75%。

接下来，假设我们对量子位进行观测，并得到观测值 0。此时，我们仍然不知道此量子位的值就是 0，还是处于叠加状态；是有 25% 的概率观测值为 0，还是有 95% 的概率观测值为 0，或任何其他状态的概率组合。我们只知道 α 一定不等于 0。要准确了解量子位的原始状态，就需要对量子位进行无限次观测。然而，量子物理定律决定了你只能观测一次。只要观测一次，量子位就不再处于叠加状态，信息就丢失了。总之，我们无法重建概率，这就是谈论量子位时的重要事实。

> **注意：** 量子不可克隆定理与量子物理直接相关。虽然可以利用软件方法简单地避开这一定理的束缚，但这样一来，应用程序只能在模拟器上运行，而无法在真正的量子硬件上运行。

量子位不可克隆的性质带来了许多挑战：

- 将量子位从一处发送至另一处，不能通过复制并发送副本的方式实现。
- 网络交换机和中继器的概念要求读取位，也许还需要进行放大，再放在不同的线路上。如果量子位不能复制，那么该如何应对这些网络需求？

然而，这种性质也带来了有趣的机遇。例如，不可能在不通知的前提下窃听量子通信信道。如果攻击者想要拦截从 A 发送到 B 的量子位，就必须对量子位进行观测。这样做的结果是，储存在原始量子位中的信息消失了，接收者就知道出了问题。后面的章节将讨论这个机遇，但我们首先要解决一些难题。

6.4 节将讲解如何绕过不可克隆定理造成的问题。我们将创建一个量子电路，将一个量子位中包含的信息发送到另一个量子位。

6.2.3 传输量子位的物理限制

先说一个好消息：量子位可以通过许多现有的物理信道进行传输。量子位可以用光子表示，而光子可以通过现有的光纤或卫星连接传输。这很有趣，因为这意味着电信公司在经典物理通信基础设施上的投资，可以在很大程度上复用于量子通信。

而坏消息是，量子位的状态很难在长距离传输的过程中保持。光子在光缆中传输的时间越长，出现错误的可能性就越大。目前可以实现的最大距离是 100 千米左右，这个距离可以实际应用，但却不足以在没有额外方案的情况下进行长距离连接。

如果想使用现有的光纤远距离发送量子位，还需要以某种方式连接不同的分段，让量子位从一个分段的末端传输到下一个分段的开头，如图 6.10 所示。

图 6.10   远距离多段传输量子位

乍一看，这个问题可能类似于经典通信中的现有情况：通过物理连接传输数据时，信号在传输过程中变弱（信噪比降低）。一些时候可能需要放大信号以再次提高信噪比，这就是中继器的工作。

而量子通信的问题在于，不能简单地使用传统的中继器，因为它会以某种方式观测量子位再进行放大。但是一旦观测量子位，它携带的信息就消失了。因此，需要另一种中继器：量子中继器。当前的技术已经能够创建这样的量子中继器，并且可以预计与真正长距离量子网络相关的至关重要的组件将在未来几年内问世。6.5 节将编写一个创建量子中继器的软件方案。

6.3   泡利 Z 门与观测

在研究编写能克服上述障碍的量子算法之前，需要引入一个新的逻辑门，并且需要花一些时间了解观测对于量子程序的意义。后续算法使用新的逻辑门和观测模块。

6.3.1   泡利 Z 门

3.4 节介绍了泡利 X 门，也称为量子非门。4.3 节解释了这个逻辑门可用以下矩阵表示：

$$\begin{pmatrix} 0 & 1 \\ 1 & 0 \end{pmatrix} \tag{6.3}$$

这个逻辑门的一个变体是泡利 Z 门，可用以下矩阵表示：

$$\begin{pmatrix} 1 & 0 \\ 0 & -1 \end{pmatrix} \tag{6.4}$$

如果想知道这个逻辑门应用于量子位时会发生什么，只需要将这个矩阵与量子位的概率向量相乘。假设量子位可表达如下：

$$|\psi\rangle = \alpha|0\rangle + \beta|1\rangle \tag{6.5}$$

其概率向量为

$$\begin{bmatrix} \alpha \\ \beta \end{bmatrix} \tag{6.6}$$

将泡利 Z 门应用于这个量子位，概率向量可按下式计算：

$$\begin{pmatrix} 1 & 0 \\ 0 & -1 \end{pmatrix}\begin{bmatrix} \alpha \\ \beta \end{bmatrix} = \begin{bmatrix} \alpha \\ -\beta \end{bmatrix} \tag{6.7}$$

因此，现在的量子位的状态为

$$|\psi\rangle = \alpha|0\rangle - \beta|1\rangle \tag{6.8}$$

如果只有这个逻辑门应用于量子位，则观测值为 0 或 1 的概率并不会改变。不要被 β 前面的负号迷惑：观测值为 1 的概率是 $-\beta$ 的平方，仍为 β^2。

这个逻辑门的物理含义超出了本书讨论的范围，但认识到有物理方式可以实现这个逻辑门，且它与真实量子物理的行为有所对应是很重要的，因为这样就可以在软件中进行应用。泡利 Z 门的符号如图 6.11 所示。

图 6.11　泡利 Z 门在 Strange 中的符号

5.5.2 节介绍了受控非门，它在控制量子位的观测值为 1 的条件下，对目标量子位应用泡利 X 门。同理，受控 Z 门也是关于两个量子位的逻辑门，当控制量子位的观测值为 1 时，才对目标量子位应用泡利 Z 门。受控 Z 门的符号如图 6.12 所示。

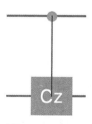

图 6.12　受控 Z 门在 Strange 中的符号

6.3.2　观测

前面章节已经讨论过观测。3.1 节解释了在观测量子位时，其值一定为 0 或 1。如果量子位在观测前处于叠加态，则一经观测，其叠加态就消失了。在许多量子模拟器，包括 Strange 中，可以在程序中对量子位进行观测。而一旦观测，这个量子位就被破坏了，其结果将回到一个经典位。因此，不可能再对其应用任何与叠加态相关的逻辑门了。在 Strange 中，可以通过应用一个观测操作来观测量子位。虽然观测操作并不属于真正的逻辑门，但 Strange 还是提供了 org.redfx.strange.gate.Measurement 类，扩展了 Gate 接口。这样做的原因是可以使 Measurement 类利用由 Gate 接口及其子类提供的功能。观测操作这一术语可用来表明观测并非逻辑门。

在 Strange 中对量子位进行观测操作后，表示量子位流程的线将变为两条。观测操作本身记为 M，如图 6.13 所示。

图 6.13　观测操作在 Strange 中的符号

练习 6.1
创建一个具有 2 个量子位的简单量子电路。首先，对第 1 个量子位应用阿达玛门。然后，对这 2 个量子位应用受控 Z 门，其中第 1 个量子位是控制量子位。最后对 2 个量子位进行观测。此练习的解决方案位于配套资源的 ch06/hczmeasure 目录中。

6.4　量子远程传态

量子远程传态这个有些科幻风格的名字容易吸引人们的注意。尽管无法将一个人从一个地点远程传输到另一个地点，但此处讨论的却是真实量子网络中的极其重要的一步。

6.4.1　量子远程传态的目标

本节要将 Alice 的量子位的信息发送到 Bob 的量子位上。Alice 的量子位始终由 Alice 持有，因此不会在物理上传输，但是传输的结果是将一些量子信息从 Alice 传输到 Bob。这听起来与前几节讨论的核心问题很有关：量子位不可克隆，但是如果有远距离传输量子信息的方法，就离实现量子网络更近了一大步。

下面几小节将介绍远程传态的算法，其间将使用前面讨论的技术和逻辑门，一步一步地实现量子远程传态的程序。可以从数学上证明，要编写的算法确实可以将信息从 Alice 传输到 Bob，但具体证明不在本书的范围之内。你可以人为地为要传送的量子位赋予初值，以检查传输是否成功。

6.4.2 第 1 步：Alice 和 Bob 之间的纠缠

如图 6.14 所示，Alice 的量子位记为 q。量子远程传态的先决条件之一是 Alice 和 Bob 共享一对相互纠缠的量子位，如图 6.15 所示。

图 6.14 Alice 要将她的量子位 q 发送给 Bob

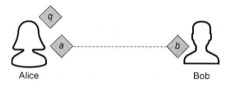

图 6.15 Alice 和 Bob 共享一对相互纠缠的量子位

根据前述章节所学，你可以编写实现这一状态的代码，清单 6.2 展示了如何达到图 6.15 的状态。

清单 6.2　Alice 和 Bob 共享一对相互纠缠的量子位

```
Program program = new Program(3);
Step step1 = new Step();
step1.addGate(new Hadamard(1));
Step step2 = new Step();
step2.addGate(new Cnot(1,2));
program.addStep(step1);
program.addStep(step2);
```

对量子位 a 应用阿达玛门 → `step1.addGate(new Hadamard(1));`

对量子位 a 和 b 应用受控非门 → `step2.addGate(new Cnot(1,2));`

本程序包含 3 个量子位：要传输给 Bob 的量子位 q，以及纠缠量子位 a 和 b

将上述步骤（及逻辑门）加入程序

此代码片段可用图 6.16 中的电路表示。请记住，量子位 q[0]（即 q）和 q[1]（即 a）位于 Alice 处，而量子位 q[2]（即 b）位于 Bob 处。

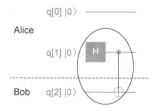

图 6.16 表示 Alice 拥有量子位 q，Alice 和 Bob 共享一对相互纠缠的量子位（已圈出的电路）

6.4.3　第 2 步：Alice 的操作

在远程传态算法的第 2 部分，Alice 要让量子位 q 与她手中的纠缠量子产生关联，示意图如图 6.17 所示。

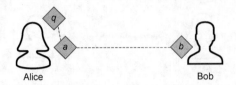

图 6.17　Alice 让她的量子位与其中一个纠缠量子产生关联

可以从数学上证明，后述步骤可以实现将量子位 q 的信息传递到 Bob 手中的量子位 b。但是下文不进行数学证明，而是编写所需的代码并进行验证。首先，Alice 对她的量子位 q 和她手中的纠缠量子应用受控非门。然后，对她的量子位应用阿达玛门。目前创建的量子电路示意图如图 6.18 所示。

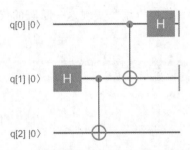

图 6.18　在 Alice 的量子位和其中一个纠缠量子之间建立关联

需要向量子电路添加这两步操作，代码实现如下：

```
Step step3 = new Step();                      对量子位 q 和 a 应用受控非门
step3.addGate(new Cnot(0,1));
Step step4 = new Step();
step4.addGate(new Hadamard(0));               对量子位 q 应用阿达玛门
program.addStep(step3);
program.addStep(step4);                       新建的两个步骤（以及
                                              逻辑门）
```

下一步，Alice 要观测她的两个量子位，目前的量子电路示意图如图 6.19 所示。

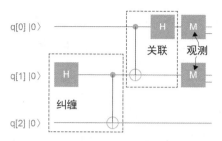

图 6.19 Alice 观测她的量子位和量子位 *a*

实现观测的代码如下：

```
Step step5 = new Step();
step5.addGate(new Measurement(0));
step5.addGate(new Measurement(1));
program.addStep(step5);
```

6.4.4 第 3 步：Bob 的操作

最后，根据 Alice 的观测结果，Bob 要对他的量子位进行一些操作。如果第 1 个量子位（即想远程传输的量子位）的观测结果为 1，Bob 就对他的量子位应用泡利 X 门；如果观测结果为 0，Bob 就对他的量子位应用泡利 Z 门。这一操作的流程如图 6.20 所示，目前创建的量子电路示意图如图 6.21 所示。

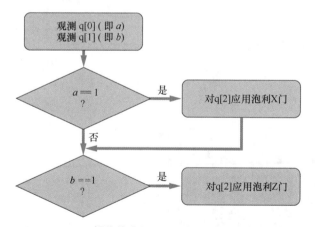

图 6.20 Bob 操作的流程图，取决于 Alice 量子位的值

该条件步骤的代码如下：

```
Step step6 = new Step();
step6.addGate(new Cnot(1,2));    ◁──  若量子位 q[1]（即 a）的观测值为 1，则对 q[2]
Step step7 = new Step();              （即 b）应用泡利 X 门
```

```
step7.addGate(new Cz(0,2));
program.addStep(step6);
program.addStep(step7);
```

若量子位 q[0]（即 q）的观测值为 1，则对 q[2]应用泡利 Z 门

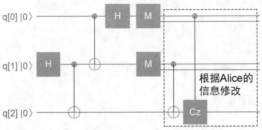

图 6.21　根据 Alice 的观测结果，Bob 应用泡利 X 门和/或受控 Z 门

6.4.5　运行应用程序

现在可以运行整个程序了，程序位于配套资源的 ch06/teleport 目录中，运行命令为：

```
mvn javafx:run
```

输出结果类似图 6.22。

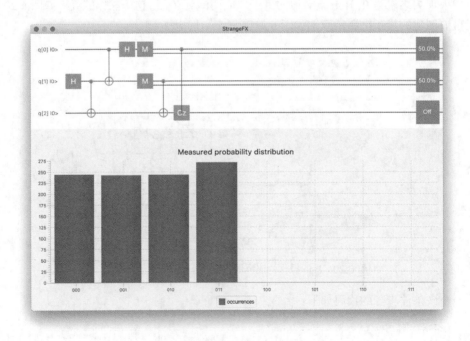

图 6.22　远程传态程序的输出结果

输出分为两部分。屏幕截图的上半部分是 3 个量子位的电路，右侧表示观测值为 1 的概率。这些概率表明：

■　量子位 q（记为 q[0]）的观测值为 1 和 0 的概率各为 50%。

■　量子位 a（记为 q[1]）的观测值为 1 和 0 的概率各为 50%。

■　量子位 b（记为 q[2]）的观测值一定为 0。

第三部分最为重要。起初，q 的值为 0。在远程传态电路结束时，q 的值并不确定，但 b 的值变成了 0。因此可见信息从量子位 q 远程传送到了 b。

截图的下半部分展示了量子远程传态程序模拟运行 1000 次的统计结果，对此进行分析也能获得同样的信息。x 轴表明各种可能的输出，第 1 种取值 000 表示 3 个量子位的观测值均为 0，第 2 种取值 001 表示第 1 个量子位（q[0]或 q）的观测值为 1，而其余的观测值为 0。

提示：将上半部分与下半部分的结果对应起来是很重要的，如图 6.23 所示。在量子电路中，我们把下标为 0 的量子位（最不重要的量子位）画在最上面，把下标最大的量子位（最重要的量子位）画在最下面；将这些量子位写成序列时，则将最重要的量子位写在左边，最不重要的量子位写在右边。

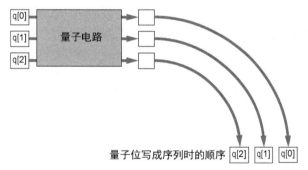

图 6.23　量子位的顺序与概率序列的对应关系

经过 1000 次运行，结果分布如下：

■　约 250 次结果为 000（即所有量子位的观测值均为 0）；

■　约 250 次结果为 001，表明 q 的观测值为 1，而 a 和 b 的观测值为 0；

■　约 250 次结果为 010，表明 q 的观测值为 0，a 的观测值为 1，b 的观测值为 0；

■　约 250 次结果为 011，表明 q 的观测值为 1，而 a 和 b 的观测值为 1。

注意，在所有情况中，b 的观测值均为 0。其他量子位的值可以是 0，也可以是 1，但 b 一定是 0。

这一结果看起来可以表明你编写的代码的确可以将量子位从 Alice 远程传输给 Bob。至少，当 Alice 的量子位为 0 时，Bob 的量子位的最终结果也为 0。

    检验当 Alice 的量子位为 1 时，这一算法是否仍然成立。在这种情况下，我们期待在算法的最终结果中，b 的值也应为 1。

    要想正确完成练习 6.2，应该对第 1 个量子位先应用泡利 X 门，使整个远程传态算法开始前，Alice 的量子位的值一定是 1。这就能表明这一算法在量子位的状态为 1 时也能成立。但如果这个量子位处于叠加态呢？

    幸运的是，Strange 可以检验这种情况。在程序运行前，用 Program. initializeQubit (int index, double alpha) 方法初始化量子位的值。在这一方法中，index 表示要设置的量子位的下标，alpha 表示对 α 的赋值。在调用 runProgram 之前，将下面这行代码添加到程序中：

```
program.initializeQubit(0, .4);
```

    这样做可以将初始量子位 q[0] 的 α 值设为 0.4。观测值为 0 的概率是 α 的平方，即 16%，而观测值为 1 的概率则为 84%。

    如果运行程序，会看到类似于图 6.24 的输出结果。在输出结果的上半部分，可以看到 Bob 的量子位 q[2] 观测值为 1 的概率是 84%。而下半部分给出了相似的结果。这与我们的预期完全一致：这一算法将 Alice 原有量子位的信息传递到了 Bob 手中的量子位。请再次注意，我们并未给出严格的数学证明，这已超出本书的讨论范围。你可以从许多线上资源获取证明资料，例如 Ryan LaRose 的研讨 "The Quantum Teleportation Algorithm"。

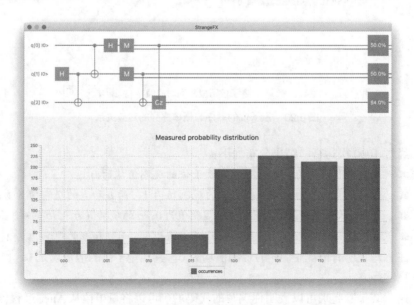

图 6.24   对量子位初始化后的远程传态程序的输出

恭喜你，已将一个量子位从一个人传输给了另一个人！

6.4.6　量子与经典通信

需要注意的是，Alice 和 Bob 之间只需有限的量子相互作用。在算法的第一步，我们创建了一对纠缠量子位，其中一个由 Alice 持有，另一个由 Bob 持有。除了这一步之外，Alice 和 Bob 就不再需要量子通信了。Bob 是否需要应用泡利 X 门、泡利 Z 门，还是什么都不用，取决于 Alice 的两次观测结果。因为观测结果一定是经典位，所以可用经典网络来传输结果。因此，量子远程传态算法的通信过程可分为两个步骤：

（1）确定 Alice 和 Bob 各拥有相互纠缠的一个量子位；

（2）将两个观测结果（0 或 1）通过经典通信的方式从 Alice 传给 Bob。

示意图如图 6.25 所示。

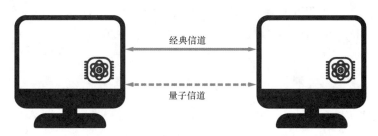

图 6.25　Alice 和 Bob 之间的通信可分为经典信道和量子信道

在图中，纠缠量子位通过量子信道传输，而观测结果则通过经典信道传输。如果拥有一台可创造纠缠量子位的设备，只要这台设备能将一个量子位传输给 Bob，就可以将任意量子位从 Alice 传给 Bob，而不需要再在 Alice 和 Bob 之间进行量子交换。

6.5　量子中继器

6.4 节已经实现将信息从一个量子位传输给另一个量子位，而不违背量子不可克隆定理。如果可以传输纠缠量子位，那么就可以传输量子位中的信息。

但是如果 Alice 和 Bob 相隔很远（超过 1000 千米）会发生什么呢？对于经典信道而言，这并不是什么问题。如果信噪比下降过多，经典中继器就可以将信号放大。但是这对于将纠缠量子位从 Alice 传递给 Bob 的过程是一个巨大的障碍。本节将针对这个问题，利用本章前面已有的代码，编写一个软件解决方案。

我们需要使用量子中继器。量子中继器并不会放大量子位中的信号（否则就需要进行观测，而这会毁灭信息），但可以利用相同的量子远程传态方式，将信息从前一个分段传递到后一个分段，如图 6.26 所示。

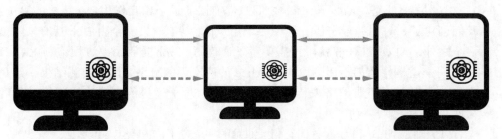

图 6.26　量子中继器将 Alice 和 Bob 的距离分段，并将量子位从前一段传递到下一段

在展示量子中继器的代码之前，先来从更高的层次看一看如何实现。图 6.15 展示了 Alice 和 Bob 距离很近的简单情形（即可以将纠缠量子位直接从 Alice 传递给 Bob 的距离）。在 Alice 和 Bob 之间使用量子中继器的情形如图 6.27 所示。

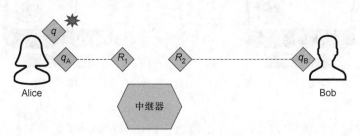

图 6.27　在 Alice 和 Bob 之间的中继器

在这种情况下，出现了两个纠缠对：

■ Alice 和中继器共享一对纠缠量子位 q_A 和 R_1。

■ 中继器和 Bob 共享一对纠缠量子位 R_2 和 q_B。

量子中继器的代码位于配套资源的 ch06/repeater 目录中。因为现在需要处理 5 个量子位（一个携带信息的量子位和两对纠缠量子位），程序需要用如下方式构建：

```
Program program = new Program(5);
```

实现这个系统需要创建两个纠缠对。在量子远程传态的代码中，起始部分就创建了一个纠缠对。可以将代码扩展如下（新增的代码列出了注释）：

```
Step step1 = new Step();
step1.addGate(new Hadamard(1));
step1.addGate(new Hadamard(3));      ◄──  向q[3]应用阿达
Step step2 = new Step();                  玛门
step2.addGate(new Cnot(1,2));
step2.addGate(new Cnot(3,4));        ◄──  向q[3]和q[4]应
                                          用受控非门
```

注意，我们对 q[3] 应用了阿达玛门，并对 q[3] 和 q[4] 应用了受控非门，因此 q[3] 和 q[4] 形成了一个纠缠对。在完成准备之后，第 1 部分是利用前面的量子远程传态算法，将信息从 q 传到 R_1，过程如图 6.28 所示。代码与前面量子远程传态算法的代码完全一致，在此不再重复。

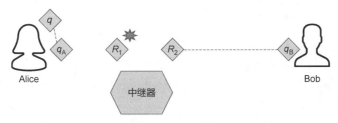

图 6.28　Alice 与第 1 对纠缠量子位进行交互，将她的量子位远程传态到 R_1

最初位于 Alice 的量子位 q 的信息现已传递到中继器的 R_1。接下来，需要重复远程传态算法，将信息从 R_1 传递到 q_B，这一步骤的流程如图 6.29 所示。

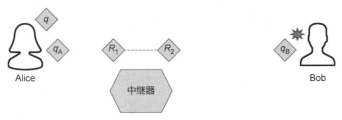

图 6.29　中继器使 R_1 与第 2 对纠缠量子位进行交互，将其中的信息传递到 q_B

代码与第一部分相同，但需要在不同的量子位上应用逻辑门。在第 1 部分，步骤 3 至步骤 7 进行了远程传态，下面需要增加步骤 8 至步骤 12，在其他量子位上执行类似的操作：

```
Step step8 = new Step();             对q[2]和q[3]应
step8.addGate(new Cnot(2,3));    ◄──  用受控非门
Step step9 = new Step();
step9.addGate(new Hadamard(2));  ◄──  对q[2]应用阿达玛门
```

观测 q[2]

```
Step step10 = new Step();
step10.addGate(new Measurement(2));
step10.addGate(new Measurement(3));
Step step11 = new Step();
step11.addGate(new Cnot(3,4));
Step step12 = new Step();
step12.addGate(new Cz(2,4));
```

若 q[3]的观测值为 1，则对
q[4]应用泡利 X 门

若 q[2]的观测值为 1，则对 q[4]应用泡利 Z 门

观测 q[3]

请注意，在配套资源的代码中，我们人为地初始化了原始量子位（想要传输的量子位）。类似于之前所做的那样，它的观测值有 16%的概率为 0，有 84%的概率为 1。这是用与量子远程传态算法相同的代码实现的：

```
program.initializeQubit(0, .4);
```

这样做只是为了使结果更易解释。

执行程序时，结果输出应类似于图 6.30。从这一输出可以看出，最初 Alice 的量子位 q[0]中的信息被传递到了 Bob 持有的量子位 q[4]中。

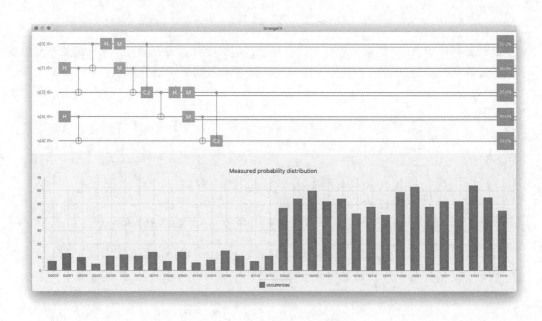

图 6.30　量子中继器程序的结果

本章小结

- 经典网络为经典计算提供了许多好处。同理，量子网络也可以为量子计算提供重要的好处。

- 要实现量子网络，需要解决一些底层问题。目前这项工作正在推进，并且从业者们正在讨论相关标准。

- 可以创建一个模拟量子网络的 Java 应用程序，并将量子位通过网络传输。

- 可以使用 Strange 创建一个量子中继器，将量子位传送到更远的距离。

第 3 部分

量子算法与代码

开发者最终还是要通过编写代码来解决问题。既然我们已经了解了核心思想与基本概念，是时候看一看传统的软件问题如何借此获益。

第 7 章将更深入地分析第 2 章介绍过的 HelloStrange 示例程序。我们将该示例作为使用量子计算的软件应用程序的一部分进行研究，使其更接近开发者的日常工作环境。第 8 章实现一种使用量子计算进行安全通信的算法。第 9 章实现量子计算领域大名鼎鼎的多伊奇-约萨算法。虽然这一算法与实际应用的关联性有限，但其概念非常重要，因为它会帮助我们了解典型应用程序的哪些部分可以从量子计算中受益。第 10 章介绍格罗弗搜索算法，详解量子黑箱，并解释其与经典黑箱函数的关系。第 11 章展示最有名的量子算法之一——舒尔算法的 Java 实现，以远超经典算法的速度进行大整数的分解。

第 7 章 对 "Hello, world" 的解释

本章内容
- 量子计算模拟器
- 利用 Strange 进行高/低级编程
- 利用 Strange 和 StrangeFX 调试量子应用程序
- 本地、云端和真实的设备

软件开发工具都有其特定目标。一些工具帮助开发者提升效率，一些工具帮助管理依赖项，从而使开发者轻松利用某些框架。使用这些工具的开发者应当了解他们使用的工具有何功能及其限制为何。本章将解释量子计算模拟器带来的好处，也会探索使现有 Java 开发者更轻松利用量子计算算法的 Strange 的一些特性。与其他一些量子计算模拟器一样，Strange 并不能解决应用程序中的所有量子问题。对量子计算工具的基本理解有助于将 Strange 的优势最大化。以上就是本章的关注点。

Java 开发者们非常熟悉第 2 章 "Hello, world" 示例的 Java 代码。Strange 的目标是提供一个 Java 开发者熟悉的库，使他们能够利用前述章节讨论的量子现象。

对于一些开发者而言，量子计算是一个无须担心的实现细节。而对于另一些开发者而言，在合适之处使用正确的量子计算概念会使程序发生颠覆性改变。

这两者都可以在 Strange 中实现。我们将讨论量子硬件上的高级编程语言的经典栈。在此之前，先将其与经典栈进行类比，其原因主要有以下两点：

- 在经典栈中，同样面临是编写可帮助探索特定硬件的功能的低级代码，还是编写不涉及特定硬件的高级代码的选择。可以向经典方法学习构建量子栈的选择。
- 我们将解释量子栈和软件栈的区别，以及为什么不能简单地在量子硬件上建立一个经典栈。

7.1　从硬件到高级语言

在计算机的硬件操作与开发者编写的高级语言之间通常隔着很多步骤。图 7.1 展示了硬件（CPU）上运行的经典软件栈。

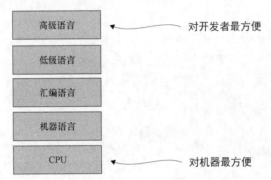

图 7.1　经典 CPU 上的典型软件栈。底部是硬件，顶部是软件开发者使用的高级语言，中间层则建立在下一层次之上

注意：经典栈的相关硬件不仅仅包括 CPU。但本章的目的不是解释经典的硬、软件栈，所以进行了大幅简化。

机器语言与 CPU 集成在一起。CPU 的类型不同，机器语言的种类也不同。汇编语言是一种更易读的格式，但仍然取决于 CPU 的类型。低级语言抽象了大部分特定于 CPU 的体系结构，但可能仍涉及不同类型的 CPU（例如 32 位与 64 位）的差异。而 Java 等高级语言则完全不依赖硬件。

图 7.2 展示了在两种 CPU（AMD64 和 AARCH64）栈的不同层编写代码的相对代码重用量。底层 CPU 的机器语言不同，代码无法复用；栈越高，差异越小，可复用的代码就越多；最后，在 Java 层，100% 的代码都可以复用。在 AMD64 CPU 上运行的 Java 应用程序与在 AARCH64 CPU 上运行的 Java 应用程序具有相同的源代码。

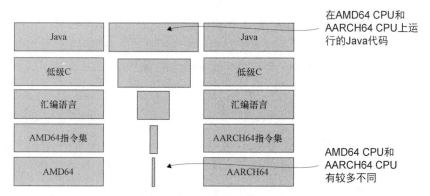

图 7.2　两种不同 CPU 的代码复用程度对比。中间列中的横条越宽，表示代码复用得越多。

高级语言的代码常常要在不同种类的硬件上运行。而低级代码包含与

特定架构相关的部分（例如 AMD64 和 AARCH64）

编译器和链接器用以确保用高级编程语言编写的应用程序最终可以使用特定计算机的特定硬件来执行。Java 平台成功的原因之一，是它允许人们用单一语言（如 Java）编写应用程序，并能在各种硬件上执行这些应用程序——从 Windows、macOS 或 Linux 桌面端上的云服务器，到移动和嵌入式设备。在较低的层次上，不同的目标系统存在许多差异，但我们不受这些差异的影响。Java 平台通过 Java 字节码的概念实现了这一点。由开发人员创建的 Java 应用程序被转换为 Java 字节码，即应用程序以独立于平台的格式表示。在执行应用程序时，这个独立于平台的字节码会被翻译成特定机器的指令，而这些指令在每个平台上都是不同的。

> 提示：开发者如果专注于应用程序本身的问题，就能提高其开发效率。量子库等工具可以帮助人们屏蔽对整个项目的成功很重要，但与具体实现无关的概念。

7.2　不同层次的抽象

用 Java 等高级语言编写的应用程序可以使用不同类型的硬件。Java 应用程序可以在 AMD64 CPU 的 Linux 系统上运行，也可以在 AARCH64 CPU 的 Linux 系统，或者 AMD64 CPU 的 Windows 系统上运行。

你可能想知道量子芯片能否取代现有的经典芯片，并在量子芯片之上运行现有的应用程序。如果可以，那么图 7.2 中的模式就也适用于量子计算机的 CPU。这样的话，就可以保留所有现有的语言和库，只添加一个低级抽象层，将高级语言（如 Java）翻译成用于量子硬件的汇编语言。

但是，正如前几章讲解的，量子硬件与经典硬件有很多不同，例如量子硬件涉及叠加态（第 4 章）和纠缠（第 5 章）。如果想使用量子处理器的量子能力，那么硬件之上的层就应该使用这些能力。而这意味着需要在栈的更高层中使用叠加和纠缠，并使高级应用程序语言可以使用它们。但这些概念在经典汇编语言中并不存在。

> **注意**：要想发挥量子计算的真正威力，就需要在软件栈内部使用核心概念（例如叠加态和纠缠）。但这并不意味着它们必须暴露在任何高级语言中。

有几种方法可以解决这一问题：
- 不进行抽象，将量子特性直接传播到高级应用语言。在这种情况下，需要理解并使用叠加态和纠缠等量子概念。
- 在底层进行抽象，并让高级语言使用这些抽象。在这种情况下，高级语言开发者不必了解任何量子计算的知识。这种方法需要高级语言了解量子计算的各个方面，依照编程语言（或其实现）本身来决定应用程序各个部分应使用经典方法还是量子方法来执行。
- 选择折中方案。

微软遵循第 1 种方法，大多数其他组织遵循第 3 种方法。而对于 Strange，我们也使用第 3 种方法。第 2 种方法支持大多数开发者在不了解基础知识的情况下使用量子计算。这并非遥不可及，但要让编程语言有足够的能力将所有量子特性隐藏在高级开发中，还需要很长时间。但即便如此，也会有从直接使用量子特性中获益的实例。

7.3　量子计算模拟器的其他语言

Strange 并非唯一的量子计算机模拟器，已有越来越多的采用相同或不同方式的量子模拟器问世。一些大型信息技术企业（例如微软、IBM、谷歌等）都创建了自己的量子计算模拟器。

7.3.1　方式

微软比照 C# 和 F#，创建了名为 Q# 的领域特定语言（Domain-Specific Language，DSL）。领域特定语言的优点在于，可以在所用的语言中添加特性，从而优化叠加态和纠缠等量子特征的应用。而这种方法的缺点是，需要开发者学习另一种新语言，且对量子计算有深入的了解。

IBM 和谷歌则采用了另一种方式，在 Python 中创建模拟器，而 Python 显然是已经存在的语言。这种方式的优点在于，Python 开发者无须学习一种新的语言，就能开始量子计算。这也是 Java 开发者使用 Strange 的优势所在。

7.3.2　其他语言资源

如前所述，量子计算模拟器领域的研究突飞猛进，日新月异。而一些在线资源始终保持更新。以下是一些相关资源，不过这些资源也可能过时或迁移：

- 量子模拟器的详尽清单，按照编程语言排序，见 Quantiki 网站。
- IBM Qiskit 项目，见 Qiskit 网站。
- 微软关于其 Q#编程语言的介绍，见微软官方文档。
- 谷歌创建的基于 Python 的量子模拟器 Cirq，见谷歌的 QuantumAI 网站。

7.4　Strange：高/低级方法

第 3 章创建的"Hello, world"示例使用了 Strange 的顶级 API，而顶级 API 使用了低级 API。为方便起见，先回顾一下高级架构图，如图 7.3 所示。

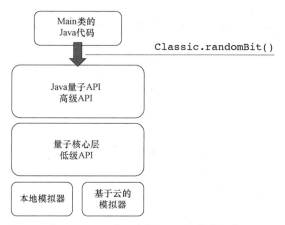

图 7.3　"Hello, world"示例与 Strange 的高、低级 API

高级 API 聚焦于 Java，而低级 API 处理量子逻辑门。如果想使用高级 API 进行开发，就可以仅关注 Java 代码；如果想使用低级 API，就要关注量子逻辑门和量子电路。

在内部，高级 API 的实现取决于低级 API，如图 7.4 所示。

因此，高、低级 API 最终都使用了相同的底层概念，而区别在于高级 API 将这些复杂概念隐藏了起来。

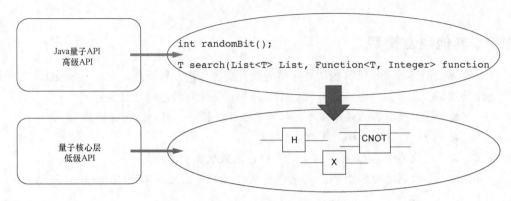

图 7.4　高、低级 API 以及它们的实现

7.4.1　顶级 API

Strange 的顶级 API 是一套典型的 Java API，遵循一般的 Java 规则。这些 API 位于 org.redfx.strange.algorithm.Classic 类中。

注意：写作本书时，Strange 版本已更新到 0.1.0，但 1.0 版本发布后，API 的位置可能
　　　发生改变。

该类的一些方法举例如下：

```
public static int randomBit();
public static int qsum(int a, int b);
public static<T> T search(List<T> list, Function<T, Integer> function);
```

这一套 API 可以规避量子计算的某些限制。例如，当量子位被观测后，就不能再在电路中使用了。这一限制来自真实的量子世界，当观测量子位的物理表示时，量子位中的信息就坍缩了。但是我们可以不考虑这一限制。Strange 顶级 API 可以使其无法强制执行与真实量子系统不兼容的情况。

先回顾一下第 2 章 "Hello, world" 示例中最重要的一行代码，即创建一个随机位：

```
int randomBit = Classic.randomBit();
```

Classic.randomBit() 并没有抛出异常。因此，可以假设这一实现确保了它与量子世界没有矛盾。另外，量子逻辑门的概念也没有暴露在顶级 API 中。

注意：高级 API 的签名并不依赖特定于量子的对象。例如，调用高级 API 的返回值绝
　　　不是一个量子位。

7.4.2　低级 API

Strange 的低级 API 分散在不同的包中。以下是使用这些 API 的典型方法：

- 创建一个量子程序，其中量子位的数量需要给定；
- 向程序中添加一些量子逻辑门；
- 运行程序；
- 观测量子位或处理概率向量。

第 2 章展示了高级 Classic.randomBit()方法如何使用低级 API，具体细节待本章解释。现在，已经看过了许多低级代码的示例，因此 Classic.randomBit()方法应该看起来比较熟悉。在此先回顾一下代码：

```
public static int randomBit() {                    新建具有一个量子位
                                                   的量子程序
        Program program = new Program(1);

        Step s0 = new Step();              新建一个将要加入程序的步骤

        s0.addGate(new Hadamard(0));       向这个步骤添加一个阿达玛门，应
                                           用于第一个量子位（下标为 0）
        program.addStep(s0);       将步骤加入程序

创建运
行时    QuantumExecutionEnvironment qee =
                new SimpleQuantumExecutionEnvironment();

执行量
子程序  Result result = qee.runProgram(program);   量子程序改变了量子位的状态，
                                                   我们通过这行代码获取结果状态。
        Qubit[] qubits = result.getQubits();       注意，虽然这是一个数组，但数组
                                                   中只含一个量子位，这是因为程
        int answer = qubits[0].measure();          序启动时只含一个量子位

                                           获取量子位的观测值：0 或 1
        return answer;
    }                    向调用者返回
                         结果值
```

从这段代码可以看出，每当调用 randomBit()函数时，都会创建并执行一个新的量子程序。然而，返回值是一个普通的 int 值，并没有与之关联的量子信息。这就是低级 API 和高级 API 的另一个显著区别，图 7.5 进行了解释。

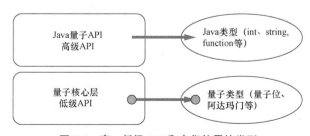

图 7.5 高、低级 API 和它们使用的类型

Java 开发者如果希望只使用现有的 Java 类型，则可以使用高级 API 来实现；如果更熟悉量子概念或想尝试这些类型，就可以使用低级 API。

7.4.3　何时使用何种接口

我们可以选择使用高级 API，也可以使用低级 API。前几节已讲解高级 API 和低级 API 的区别。在此总结使用高级或低级 API 的原因。请记住，两种方法都可以使用，但在某些情况下，高级 API 或低级 API 更合适。

以下情况推荐使用高级 API：

■　需要开发的项目中，已有众所周知、已经实现的量子算法可以提供优势，通常是性能优势；

■　想尝试编写能从量子算法中受益的经典代码。

以下情况推荐使用低级 API：

■　想学习量子计算；

■　想对已有量子算法进行实验；

■　想开发新的量子算法。

7.5　StrangeFX：一种开发工具

大多数流行的经典编程语言之所以成功，部分原因是其工具的可用性，这些工具提高了人们使用这种语言工作的效率。创建应用程序时，几乎所有 Java 开发者都会使用 IDE。

同样，为了使量子应用程序的编写更有效率，也需要简化开发工具。使用 StrangeFX 就可以轻松地可视化和调试量子应用程序。

7.5.1　电路的可视化

前面几章讨论的量子电路相对简单，编程方式也比较容易理解。而将所创建的量子电路可视化，常常会很有帮助。特别是当程序较为复杂时，可视化就变得尤其重要了。第 3 章已解释过，StrangeFX 库支持量子电路的快速可视化，只需调用

```
Renderer.renderProgram(program);
```

就可以创建电路的图形概览窗口。

示例代码库的 randombit 路径下的量子程序展示了可视化过程。这一程序也包含将在 7.5.2 小节介绍的调试元素。现在列出去掉调试元素的代码：

```
Program program = new Program(dim);
Step step0 = new Step(new Hadamard(0), new X(3));
```

```
Step step1 = new Step(new Cnot(0,1));

program.addSteps(step0, step1);

QuantumExecutionEnvironment qee = new SimpleQuantumExecutionEnvironment();
Result result = qee.runProgram(program);
Qubit[] qubits = result.getQubits();
for (int i = 0; i < dim; i++) {
    System.err.println("Qubit["+i+"]: "+qubits[i].measure());
}
Renderer.renderProgram(program);
```

运行这一程序将展示量子位的观测结果以及包含量子位概率的电路。观测结果可以是

```
Qubit[0]: 0
Qubit[1]: 0
Qubit[2]: 0
Qubit[3]: 1
```

也可以是

```
Qubit[0]: 1
Qubit[1]: 1
Qubit[2]: 0
Qubit[3]: 1
```

电路的可视化如图 7.6 所示，这可以帮助我们理解这两种输出结果。

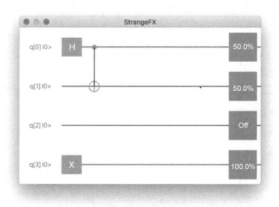

图 7.6   电路的可视化

可视化结果表明，该量子程序包含 4 个量子位。在第 1 个步骤，电路中加入了一个阿达玛门和一个非门。图 7.6 右侧列出了量子位的结果，即观测值为 1 的概率。

7.5.2　调试 Strange 代码

前面的章节已讲解如何创建或简单或复杂的量子电路。量子电路的一个重要的限制，是对量子位的观测将影响其状态。如果对处于叠加态的量子进行观测，它就会坍缩到 0 或 1 的状态，而不能再回到观测前的状态。

这虽然为安全通信提供了机会（将在后续章节介绍），却对调试量子电路造成了困难。在经典应用程序中，通常要跟踪程序运行过程中某个特定变量的值。开发者广泛使用调试器，通过查看变量值的变化就能获取有价值的信息，了解为什么程序的运行结果与预期不符。

但是如果对变量的观测会改变应用程序的行为，则这种技术就无法应用，而量子计算正是这样。说得再复杂些，即使可以在观测后，将量子位的原先状态存储起来，观测值本身只能是 0 或 1，也无法给出完整的信息。前面已经多次提到，量子程序的真实值并不是量子位的观测值，而是一种概率分布。

幸运的是，Strange 和 StrangeFX 提供了一种渲染概率分布的方式。Strange 提供了一个虚构的门，称为 ProbabilitiesGate，它可以将程序流中给定时刻的概率向量可视化。

继续沿用 7.5.1 小节的代码，但加入 ProbabilitiesGate 来渲染给定步骤后的概率。代码的第 1 部分修改如下：

```
Program program = new Program(dim);
Step p0 = new Step (new ProbabilitiesGate(0));       ◁──  新建一个含 ProbabilitiesGate 的
                                                           步骤
Step step0 = new Step(new Hadamard(0), new X(3));    ◁──
Step p1 = new Step (new ProbabilitiesGate(0));             仍然保留原先的
                                                           步骤
Step step1 = new Step(new Cnot(0,1));
Step p2 = new Step (new ProbabilitiesGate(0));

program.addSteps(p0, step0, p1, step1, p2);
```

再次运行示例程序将得到同样的电路，但现在会看到每个步骤之后的概率向量。

接下来进行深入分析。加入程序的第 1 个步骤包含一个 ProbabilitiesGate。这不会改变概率向量，但触发了渲染器展示向量，如图 7.7 所示。关注可视化输出的左侧，如图 7.8 所示，可以看到声明量子位之后、应用阿达玛门和非门之前的概率向量。

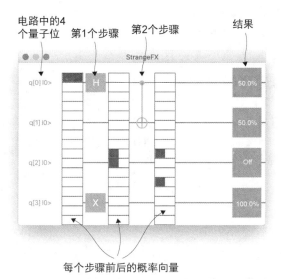

图 7.7 可视化电路及概率。在每个步骤前后都展示出概率向量。
这可在不对量子位进行观测的前提下，得知每个步骤后的可能结果

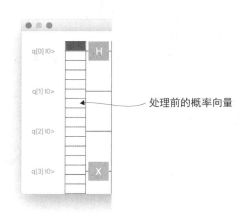

图 7.8 所有处理前的概率向量

概率向量的可视化结果是分成 16 个部分的矩形。第 1 部分表示如果现在观测，观测值为 0000 的概率，第 2 部分表示观测值为 0001 的概率，以此类推。

这一部分着色越多，对应的概率就越高。在此图中，第 1 部分被完全着色，表示观测值为 0000 的概率为 100%。这的确是创建含 4 个量子位的量子电路且不采用任何逻辑门时的期望结果。所有的量子位都处在 0000 状态，你的观测值也应如此。

在第 1 个真正的步骤应用之后，应用阿达玛门和非门，又渲染出另一个概率向量。图 7.9 展示了这一概率向量，并列出了相应的量子位观测结果。

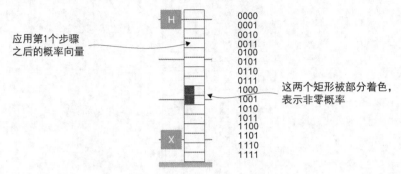

图 7.9　应用阿达玛门和非门后的概率向量。这一步骤之后，仅有状态 1000 和 1001 是可能出现的，且概率均等。渲染这一向量并未对量子位进行观测，因此处理可以继续下去

上图展示了在此时进行观测时，16 种观测结果组合的概率。请再次注意，我们讨论的是 16 种组合的概率，而非 4 个量子位各自的值。

从图中可以明确看出，这一阶段的观测结果只有两种可能的情况：

- ■　有 50% 的概率观测值为 1000；
- ■　有 50% 的概率观测值为 1001。

这与我们分析的第 1 个步骤的结果相同，对最重要的量子位（q[3]）应用非门会使其观测值为 1。如果不对 q[0] 应用阿达玛门，状态应为 1000。而应用阿达玛门之后，会使得这个量子位的观测值有 50% 的概率为 0、50% 的概率为 1。也就是说，在这一步骤之后，状态有 50% 的概率为 1000，50% 的概率为 1001，与概率向量的结果一致。

第 2 个步骤是对量子位 0 和量子位 1 应用受控非门，结果向量如图 7.10 所示。

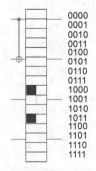

图 7.10　应用受控非门后的概率向量

这一结果说明此时的结果有两种可能：

■ 有 50% 的概率观测值为 1000；

■ 有 50% 的概率观测值为 1011。

这与第 5 章中创建贝尔态时学到的内容类似。应用阿达玛门和受控非门会使两个量子位（q[0] 和 q[1]）进入纠缠态。两个量子位可以都为 0，或者都为 1。如果两个量子位都为 0，则量子电路的观测状态为 1000。而如果两个量子位均为 1，则观测到的状态为 1011。这与电路最终的可视化结果一致，如图 7.11 所示。

图 7.11　可能的观测结果

从图中可以看出，q[2] 的观测值一定为 0，q[3] 的观测值一定为 1。而另外两个量子位 q[0] 和 q[1] 可以是 0 也可以是 1。乍一看，这与我们通过概率向量获得的信息一致，但事实上，仅查看量子位的可能观测值，会丢失一些重要信息。实际上，概率向量表明前两个量子位可以是 00 或 11，但不能是 01 或 10，因为它们处于纠缠态。因此可能的结果组合只有 2 种，而非 4 种。仅仅通过查看量子位的可能结果并不能获得这一信息。

> **注意：** 与每个量子位各自的概率相比，概率向量包含了更多的信息。前者并不包含某种组合可能或不可能出现的信息，而概率向量能够很好地表示这一信息，因为概率向量的每个元素都考虑了所有量子位。

7.6　使用 Strange 创建个人电路

到现在为止，我们已经使用 Strange 创建了多个量子电路。已经创建的简单电路虽然与真实可用的量子应用还有一些差距，但对于让我们感受量子计算而言十分重要。本节将编写一些量子计算的基本代码。你将会发现即使是很简单的操作，例如将两个数相加，在量子计算机上都是很复杂的，特别是与经典计算机的操作进行比较。你可能会奇怪为什么不用经典计算机来完成加法和乘法的操作，记住，利用量子计算的关键优势之一是可以拥有叠加态的量子。因此，其不仅能完成值为 0 或 1 的简单量子位的加法，也能完成这些状态的线性组合的叠加。这将使得量子计算机变得强大，因为这可以同时在多个值上完成同样的算术运算。

7.6.1　量子算术：舒尔算法小引

整数分解是可以从量子计算中受益的最流行的潜在应用之一。计算两个大质数的乘积很容易，但是对于经典计算机来说，其逆运算却很困难，或者说是不可能，而这正是如今大多数广泛使用的加密技术的基础。我们将在本书最后讨论舒尔算法。这一算法的数学背景研究超出了本书的范围，编程也同样很具有挑战性。舒尔算法依赖模幂运算的高效计算。通常，量子计算机上的运算都比经典计算机要复杂。我们将在本节讨论量子计算机计算两个量子位相加的简单例子。你将通过这一实例学习 Strange 的低级 API，了解如何创建量子算法。虽然将两个量子位相加的示例很简单，但同样的技术也可以应用于更复杂的算术操作。

7.6.2　将两个量子位相加

让我们从经典算法的简单案例开始：现在有 2 个位，而我们要求它们的和。因为每个位不是 0 就是 1，所以一共有 4 种情况：

```
0 + 0 = 0
0 + 1 = 1
1 + 0 = 1
1 + 1 = 2
```

在经典方法中，电路的输入为 2 个位，输出也是 2 个位。其中一个输出位表示 2 个位的和，另一个输出位为进位（carry）位。如果结果位是 2（即 1+1 的结果），则前一个输出位为 0，而进位位为 1。经典电路如图 7.12 所示，表 7.1 列出了各种可能的输入和输出。

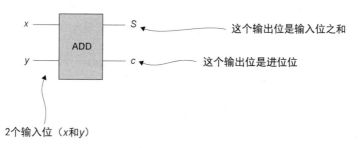

图 7.12 经典加法

表 7.1   经典加法的可能输入/输出值

x	y	S	c
0	0	0	0
0	1	1	0
1	0	1	0
1	1	0	1

用量子电路完成同样的事情将会是一个很好的练习，但也很有难度。仅含两个量子位的电路无法实现这一结果。请记住，量子逻辑门的一个基本规则是它们是可逆的，因此从输出一定可以倒推输入。从表 7.1 中可看到，有两个组合可以得到和为 1，进位位为 0。实际上，$x=1$、$y=0$ 和 $x=0$、$y=1$ 的结果是相同的。如果求和的结果是 $S=1$、$c=0$，我们就无法确定输入是哪一组了。因此这个表格无法通过量子逻辑门实现，一定需要借助不可逆逻辑门才行。

在创建一个量子累加器之前，先来再次简化这个简单的问题。暂时忘掉进位位。这并不能直接解决问题，因为只看 S 输出位，同样无法唯一确定 2 个输入位。但是如果创建一个电路，其中第 1 个量子位保持不变，而第 2 个量子位存储两个输入值的和，那么就可以从结果反推输入了。对于每种可能的结果，只有一种可能的输入。这一累加器如图 7.13 所示，表 7.2 列出了各种可能的输入值（x 和 y）以及输出值（不变的 x 与总和 S）。

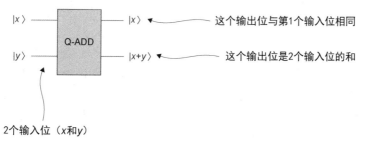

图 7.13 量子加法

表 7.2　　　　　　　　　　　　　量子加法的可能输入/输出值

x	y	x	S
0	0	0	0
0	1	0	1
1	0	1	1
1	1	1	0

观察输出值（x 和 S），会发现重建输入值（x 和 y）是可能的，因为每种 x 和 S 的组合都唯一对应了一种 x 和 y 的组合。这意味着从输入到输出的过程是可逆的。再仔细观察表格，会发现这些值似曾相识：这与第 5 章受控非门的表格相同！因此，可以利用受控非门来进行两个量子位的简单加法。代码如下：

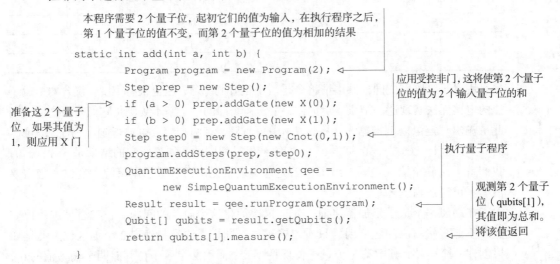

本程序需要 2 个量子位，起初它们的值为输入，在执行程序之后，第 1 个量子位的值不变，而第 2 个量子位的值为相加的结果

准备这 2 个量子位，如果其值为 1，则应用 X 门

应用受控非门，这将使第 2 个量子位的值为 2 个输入量子位的和

执行量子程序

观测第 2 个量子位（qubits[1]），其值即为总和。将该值返回

```
static int add(int a, int b) {
        Program program = new Program(2);
        Step prep = new Step();
        if (a > 0) prep.addGate(new X(0));
        if (b > 0) prep.addGate(new X(1));
        Step step0 = new Step(new Cnot(0,1));
        program.addSteps(prep, step0);
        QuantumExecutionEnvironment qee =
                new SimpleQuantumExecutionEnvironment();
        Result result = qee.runProgram(program);
        Qubit[] qubits = result.getQubits();
        return qubits[1].measure();
}
```

7.6.3　包含进位位的量子算术

为了创建一个可逆的量子电路，目前我们并没有考虑经典加法中的进位位。下一步，将重新引入这个进位位。我们需要增加一个输出位，而且还要保证每种可能的输出都能反推得到输入。为此，我们还需要增加一个称为辅助量子位（ancilla qubit）的输入位。辅助量子位就是一个普通的量子位，它虽然不能直接帮助实现函数的功能，但常常可用于保证量子电路的可逆性。我们新建的累加电路就要运用这个辅助量子位计算进位位。记住，当且仅当输入位 x 和 y 都为 1 时，进位位才是 1。接下来，我们会看到托佛利门（Toffoli gate），这个逻辑门正是此刻需要的。之前讨论的逻辑门都作用于一个量子位（例如 X 门、H 门）或者两个量子位（受控非门），而托佛利门作用于三个量子位，可以视为受控非门的扩展。这个逻辑门的符号表示如图 7.14 所示。

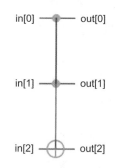

图 7.14 托佛利门的符号

与受控非门的符号进行对比，或许就可以猜到托佛利门的功能：如果前 2 个量子位的状态都是 1，则第 3 个量子位将翻转其状态，而前 2 个量子位的状态不变。

我们可以用以下 3 种方式展示逻辑门的行为：

■ 给出一些伪代码；

■ 给出可能的输入/输出组合的列表；

■ 给出解释电路行为的矩阵。

在这 3 种方式中，只有最后 1 种才是正确的。因为前 2 种方式假设量子位的值是 0 或 1，但你已经知道，量子位可以是这些值的线性组合。因此伪代码和列表通常只能提供一些逻辑门行为的初步信息。

利用伪代码，这个逻辑门的行为可以描述为：

```
out[0] = in[0];
out[1] = in[1];
if ((in[0] == 1) && (in[1] == 1)) {
    out[2] = !in[2];
} else {
    out[2] = in[2];
}
```

表 7.3 列出了其行为。

表 7.3 托佛利门可能的输入/输出值

in[0]	in[1]	in[2]	out[0]	out[1]	out[2]
0	0	0	0	0	0
0	0	1	0	0	1
0	1	0	0	1	0
0	1	1	0	1	1
1	0	0	1	0	1
1	0	1	1	0	0
1	1	0	1	1	1
1	1	1	1	1	0

从表格中可以看出，只要 in[0]或 in[1]的值为 0，就什么都不会发生。只有它们都为 1 时，第 3 个输入量子位才会翻转。

这个逻辑门的矩阵表示如下：

$$
\begin{pmatrix}
1 & 0 & 0 & 0 & 0 & 0 & 0 & 0 \\
0 & 1 & 0 & 0 & 0 & 0 & 0 & 0 \\
0 & 0 & 1 & 0 & 0 & 0 & 0 & 0 \\
0 & 0 & 0 & 1 & 0 & 0 & 0 & 0 \\
0 & 0 & 0 & 0 & 1 & 0 & 0 & 0 \\
0 & 0 & 0 & 0 & 0 & 1 & 0 & 0 \\
0 & 0 & 0 & 0 & 0 & 0 & 0 & 1 \\
0 & 0 & 0 & 0 & 0 & 0 & 1 & 0
\end{pmatrix}
\tag{7.1}
$$

托佛利门能让简单的量子累加器更加完整，因为它引入了进位位。只有当 2 个输入位均为真时，进位位才是真。如果对 2 个输入位和另一个初始值为 0 的量子位运用托佛利门，就能实现同样的效果。注意，需要在应用受控非门之前应用托佛利门，因为受控非门可能改变第 2 个量子位的值。

累加算法的完整代码如下所示：

对量子位应用托佛利门，其中索引为 0、1 的量子位为控制量子位，索引为 2 的为受控量子位

```
static int add(int a, int b) {
Program program = new Program(3);          如正文所述，现在需要 3 个量子位
Step prep = new Step();
if (a > 0) {
    prep.addGate(new X(0));                准备要累加的 2 个量子位，第 3 个量子位初值
}                                          就是 0
if (b > 0) {
    prep.addGate(new X(1));
}

Step step0 = new Step(new Toffoli(0,1,2));
Step step1 = new Step(new Cnot(0,1));      与第 1 个步骤类似，对前 2 个量子位运用
                                           受控非门，并将值储存在第 2 个量子位中，
program.addSteps(prep, step0, step1);      第 1 个量子位的值保持不变
QuantumExecutionEnvironment qee =
        new SimpleQuantumExecutionEnvironment();
Result result = qee.runProgram(program);
Qubit[] qubits = result.getQubits();
```

执行程序获得结果

```
return qubits[1].measure()
       + (qubits[2].measure() <<1);
}
```

索引为 1 的量子位的值等于总和对 2 取模，而索引为 2 的量子位是进位位，若发生溢出则其值为 1。这种情况说明总和是 2 加上索引为 1 的量子位的值

7.6.4 后续步骤

我们已经在量子计算机上计算出两个位的和，应该更加明白如何衡量量子计算机提供的机会及限制。量子逻辑门的可逆性对许多算法提出了挑战，也提供了机遇。建议花一些时间尝试一下 Strange，创建一些量子电路，并验证其结果与设想是否一致。

7.7 模拟器、云服务和真正的硬件

创建量子算法的最终目的是在真实的量子硬件上执行。为了充分发挥量子计算的特性，需要使用真实的量子设备。但理解量子计算的真正价值、编写量子计算的算法及其代码都需要一些时间。利用量子模拟器，不但可以学习量子计算的基本原理，还可以创建一些能从量子硬件中获益的应用程序。如果提前掌握了量子算法，那么在量子硬件真正可用的那一天就会具有竞争优势。

人们希望利用量子计算模拟器编写的应用程序也能在真实的量子硬件上运行，而不需要改变或只需要少量改变配置。因此，开发者只需要聚焦于应用程序的代码，而不需要关心运行环境，如图 7.15 所示。

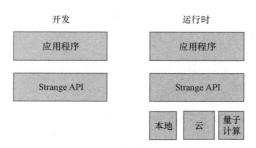

图 7.15　开发栈与运行时栈

利用 Strange 开发量子计算的应用程序时，要使用 Strange 暴露的 API。可以选择高级 API，也可以选择低级 API，或者是它们的结合。在运行应用程序时，也有几种选择：

■　在本地模拟器上运行；
■　在云模拟器上运行；
■　在本地或云上的真实量子设备上运行。

在开发阶段，开发、测试、与其他模块集成时，在本地模拟器上运行是较为简单的方式。在这个阶段，不需要量子硬件，也不需要与云服务连接。但缺陷也很明显：本地模拟器需要较多的资源，其性能也不如真实的量子设备。

第 2 个选项是开发阶段就在云模拟器上运行应用程序。许多云服务公司都提供了量子开发用的云 API。在云上既可以使用模拟器，也可以使用真实硬件。这其实增加了一个抽象层：应用程序与云服务通信，这一请求再发送到量子硬件或量子模拟器上，如图 7.16 所示。

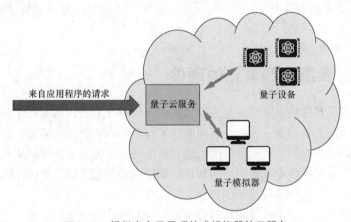

图 7.16　提供真实量子硬件或模拟器的云服务

在图中，云服务只提供一个 API。根据一些判断标准，云服务就能决定这个请求是由云上的量子设备运行还是由量子模拟器运行。云环境中的量子模拟器可以利用云环境提供的大规模、虚拟化等优势。因此与本地量子模拟器相比，其可以提供更多的内存和 CPU 算力。

许多专家预测第一批商用量子计算机大概率会在云环境中部署。这将规避掉一些现在的量子计算机原型所面临的挑战，例如将环境温度降至接近绝对零度的低温。如果使用云设备，达成这样的基础设施要求要比家庭环境中的台式计算机和笔记本电脑容易得多。在手机上应用量子处理器也很困难。只要云服务提供商能够对云上的真实量子设备和经典量子模拟器提供同样的 API，就不需要担心这些问题。

Strange API 还提供了另一个层次的抽象。第 3 章讨论了 QuantumExecutionEnvironment 接口，这个接口定义了执行量子应用程序时可使用的方法，而不需要在程序执行的时候再做声明。

目前，Strange 只提供了 QuantumExecutionEnvironment 接口的一种实现，即本书

各示例使用的 SimpleQuantumExecutionEnvironment。但是，以提供更多的实现，使其能够与外部云服务通信，从而与第三方量子云服务对接为目标的工作正在进行。今天使用 Strange 完成的工作，在不久的将来就能通过第三方云服务在虚拟或真实的硬件上完成。我们要做的唯一改变就是把 SimpleQuantumExecutionEnvironment 改成 CloudQuantumExecutionEnvironment。基于 Strange 现在的工作情况，将代码片段

```
Program program = new Program(...);
...
        QuantumExecutionEnvironment qee =
                new SimpleQuantumExecutionEnvironment();
        Result result = qee.runProgram(program);
```

改为下面的代码片段即可。

```
Program program = new Program(...);
        Map<String, String> params;
...
        QuantumExecutionEnvironment qee =
                new CloudQuantumExecutionEnvironment(params);
        Result result = qee.runProgram(program);
```

在这一代码片段中，CloudQuantumExcecutionEnvironment 的构造函数的参数 params 包括让 Strange 选择合适的云服务及其连接参数（例如密码）的信息。

本章小结

- 量子 API 可以高级或低级的形式暴露，不同语言的实现可以采用不同的方式。
- Strange 同时提供了低级 API 与高级 API。其中高级 API 非常易用，不需要量子计算的专业知识；低级 API 虽然需要这些知识才能使用，但更加灵活。
- Strange 和 StrangeFX 提供了调试量子应用程序的功能。
- 量子应用可以在不同的环境中运行：本地模拟器、云模拟器或真正的量子设备。Java 抽象使得在一种环境编写的代码也能在其他环境中运行。

第 8 章　利用量子计算的安全通信

本章内容
- 解决安全通信的初始启动问题
- 量子密钥分配
- BB84 算法
- 将共享密钥安全地分配给双方

　　本章将创建一个有用的量子应用程序，展示量子计算可以创建密钥，并在双方之间安全共享。量子密钥分配（Quantum Key Distribution，QKD）是许多已被证明为安全的加密技术的基础，即使是最好的量子计算机也无法破解。

8.1　初始启动问题

　　本书在第 6 章的开头展示了如何使用经典网络将经典信息从一个节点（或计算机）发送到另一个节点，解释了不同的信息如何从 Java 应用程序传输到底层实现，然后以位的形式发送到另一个节点并再次向上传输。详情如图 8.1 所示。

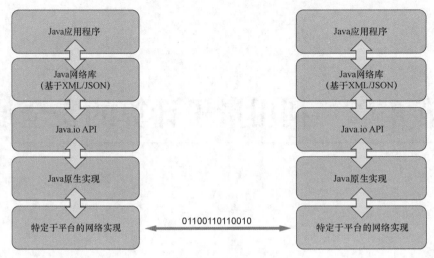

图 8.1　利用经典通信的 Java 应用程序

8.1.1　利用网络传输位的问题

本章将聚焦于两个节点之间的通信层。位可以通过网络连接的物理介质（如光纤）传输。

这有多安全？安全性和隐私性正变得愈发重要，对于许多应用程序而言，至关重要的是计算机之间通过物理网络发送的位不能被第三方拦截，也不能被第三方更改。

理想情况如图 8.2 所示：Alice 将位发送给 Bob，没有人窃听或篡改这些位。Alice 可以向 Bob 发送消息，Bob 将收到该消息。其他人都不会收到或篡改该消息。

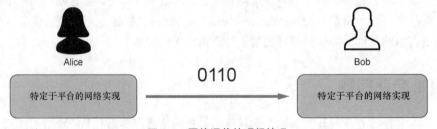

图 8.2　网络通信的理想情况

窃听信息

在实践中，可能有在线窃听者，如图 8.3 所示。许多场景都可能发生这种情况。窃听者（在示例中常称为 Eve）可能会切断网络电缆，监听传输的位，将它们记下来，然后将相同的位发送到电缆的另一端。这里的关键不是 Eve 使用了什么方法，而是她能够读取 Alice 和 Bob 通过信道传输的位。

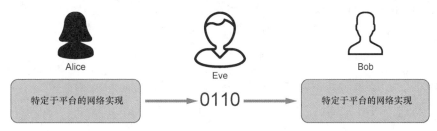

图 8.3 窃听者 Eve 读取网络通信

这些位仍然到达了 Bob 处，所以 Alice 和 Bob 都不知道 Eve 一直在窃听。Alice 和 Bob 误认为他们在以安全的方式进行通信，但 Eve 却窃听到了他们交流的所有内容。

篡改信息

另一个问题是 Eve 可能正在更改网络线路上的位。例如在图 8.4 中，Eve 将第 3 位从 1 改为 0。

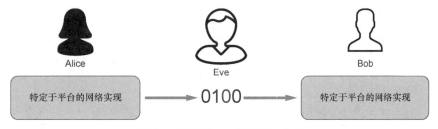

图 8.4 窃听者 Eve 篡改了一个位

这会导致严重的问题。例如，假设 Alice 正在向 Bob 发送以下消息："你能不能向我的账户 AL.1234 转账 500 元？" Eve 截取了这条消息并改称："你能不能向我的账户 EV.1234 转账 500 元？" Bob 收到该消息时，并不知道 Eve 动了手脚，因此会误把钱转入 Eve 的账户而不是 Alice 的账户。

在许多现实场景中，完全安全地提供两方通信的物理通道是不可能的。因此，不能默认这种通信是安全的，而是要在想办法不安全网络通道之上创建安全信道。

幸运的是，有一些经典技术可以提高通信的安全性和隐私性。介绍所有技术不太现实，此处仅介绍一种非常流行的技术：一次性密钥（one-time pad）。

8.1.2 利用一次性密钥确保安全

经典计算中使用的每条消息、每个对象和每条数据的状态都可以写成位的序列。一次性密钥至少与需要传输的原始消息一样长。如果消息的发送者（Alice）和接收者（Bob）可以访问同一个一次性密钥，而 Eve 无法访问，则可以安全地对消息进行加密，且只有 Alice 和 Bob 可以解密。一次性密钥的"一次性"是指密钥只能使用一次。在这种情况下，可以证明使用一次性密钥加密的消息是以安全的方式传输的。让我们看一个例子。

注意：为简单起见，以下示例都用了很短的位序列，但其原理也可应用于很长的序列。

假设 Alice 想要将下列信息（位的序列）发送给 Bob：

0110

在 Alice 和 Bob 开始通信之前，它们已经共享了一个密钥（一次性密钥）。稍后再讨论这个步骤如何实现，暂且假设它们共享的密钥是：

1100

只有 Alice 和 Bob 知道这个密钥。在 Alice 将信息发送给 Bob 之前，她将消息与密钥进行组合——原始信息的每个位都替换成它与密钥中相应位的异或（XOR）：

- 如果原始位与密钥中相应位相等（均为 0 或 1），则结果为 0。
- 如果原始位与密钥中相应位相反（一个是 0，一个是 1），则结果为 1。

组合的结果就是序列加密的结果：

```
0110 (原始消息)
1100 (一次性密钥)
---- (XOR)
1010 (结果)
```

Alice 现在将加密的序列 1010 发送给 Bob，而 Bob 需要进行解密。Bob 只需要将收到消息的每个位与密钥中的相应位也进行异或（XOR）操作：

```
1010 (从 Alice 那里收到的加密消息)
1100 (一次性密钥)
---- (XOR)
0110 (原始消息)
```

可以看到，这个操作的结果就是 Alice 发送的原始消息。可以证明这不是巧合，且无论 Alice 发送什么消息，这种技术都是有效的。至此，Alice 和 Bob 之间的通信如图 8.5 所示。

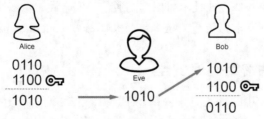

图 8.5　Alice 和 Bob 使用一次性密钥通信

如果 Eve 仍然截获了通过网络发送的消息会怎样？她不会读到原始消息（0110），而是只能读到加密后的消息（1010），而她又没有 Alice 和 Bob 使用的密钥，因此无法破译该消息。即使 Eve 知道 Alice 和 Bob 使用密钥并通过异或运算进行了加密，只要没有拿到密钥，就无法破解消息。

综上所述，如果 Alice 和 Bob 共享一个密钥，即与原始消息长度相同的位序列，他们的通信就无法被截获——或者更确切地说，可以被截获，但窃听者无法破解所截获的消息。

8.1.3 共享密钥

Alice 和 Bob 如何共享这个密钥是一个难题。朴素的方法是将密钥通过网络传输，但这会带来循环的问题：又需要另一个密钥将这个密钥通过网络安全地传输。这个循环问题如图 8.6 所示。

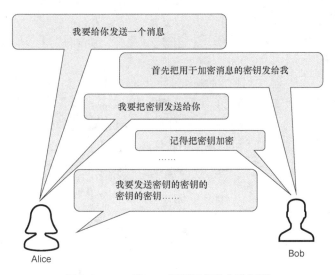

图 8.6 Alice 和 Bob 遇到了初始启动问题

在真实的重要应用程序中，密钥通常不是通过互联网共享的，而是通过传统邮件或其他方式共享的。本章的后续部分将学习量子计算如何解决这个初始启动问题。

8.2 量子密钥分配

本节学习量子计算如何用于生成密钥，并在 Alice 和 Bob 这两方之间安全地共享密钥。只要 Alice 和 Bob 都拥有这个密钥，就可以将需要发送给对方的信息加密了。而如果 Alice 和 Bob 可以安全地共享密钥，则 8.1.3 节的初始启动问题就宣告解决了。

　　密钥生成和分配所使用的量子技术称为量子密钥分配，这一技术常常被认为是量子计算的最热话题和关键优势之一。许多算法都可以用于生成 QKD，最知名的也许是 BB84 算法，这一算法以其发明者 Charles Bennett 与 Gilles Brassard 和发明年份 1984 年命名。我们最终将编写这一算法，但不是从背后的物理机制开始，而是利用面向软件的方式来实现。

　　后续章节假设可以用某种方式将量子位通过网络传输。第 6 章讨论了量子远程传态，只要两方在经典通信开始前共享一对纠缠量子位，就可以通过经典网络传输量子位的状态。本章后面将介绍一个模拟（并将最终实现）真实量子网络的项目。利用这一项目，可以将量子位从一个节点（或计算机）传输到另一个节点。但在此之前，我们要开发的算法是运行在单一节点上的。请记住，我们编写的运行于单一节点的程序也将可以运行于互相连接的一组节点上。

8.3　朴素方法

　　在朴素方法中，Alice 创建了一个值均为 $|0\rangle$ 或 $|1\rangle$ 的量子位序列，并发送给 Bob。Bob 接收到消息后对量子位进行观测，就可以得到 Alice 创建的原始量子位序列。在这里，Alice 创建的量子位序列（可以用随机位实现）就是密钥，Bob 观测这些量子位后，就得到了同样的密钥。这样，Alice 和 Bob 就可以将这组密钥作为前面介绍过的一次性密钥，此过程示意如图 8.7 所示。

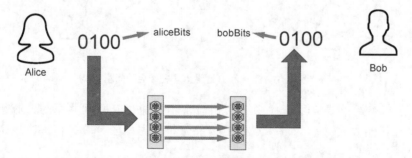

图 8.7　Alice 生成随机位，并利用量子位将其值发送给 Bob

　　利用前序章节学习的技术，你已经可以创建实现上述过程的应用程序。清单 8.1 所示的代码可以在配套资源的 ch08/naive 目录中找到。

清单 8.1 生成与传输量子密钥的朴素方法

```
final int SIZE = 4;                              本示例创建的密钥
Random random = new Random();                    长度固定为 4 位

boolean[] aliceBits = new boolean[SIZE];
for (int i = 0 ; i < SIZE; i++) {                Alice 生成密钥并对
    aliceBits[i] = random.nextBoolean();         每一个位赋予随机值
}


QuantumExecutionEnvironment simulator =
        new SimpleQuantumExecutionEnvironment();
Program program = new Program(SIZE);             创建程序，密钥中的每个位
Step step1 = new Step();                         都对应一个量子位
Step step2 = new Step();
for (int i = 0; i < SIZE; i++) {                 若 bit 的值为 TRUE，则对
    if (bits[i]) step1.addGate(new X(i));        相应量子位应用泡利 X 门
    step2.addGate(new Measurement(i));
}                                                在 step2 观测所有
                                                 量子位

program.addStep(step1);
program.addStep(step2);


Result result = simulator.runProgram(program);   执行程序，结果是量子位的
Qubit[] qubit = result.getQubits();               数组

int[] measurement = new int[SIZE];
boolean[] bobBits = new boolean[SIZE];


for (int i = 0; i < SIZE; i++) {                  观测量子位并打印结果，同时输出
    measurement[i] = qubit[i].measure();          Alice 生成的对应值
    bobBits[i] = measurement[i] == 1;

    System.err.println("Alice sent "+(bits[i] ? "1" : "0") +
            " and Bob received "+ bobBits[i] ? "1" : "0");
}

                                                  渲染本应用程序的
Renderer.renderProgram(program);                  量子电路
```

这个程序仅包含简单的量子操作。Alice 首先生成密钥，即随机的经典位序列。然后她根据这些位创建量子位。量子位的初始为 $|0\rangle$，因此需要创建对应于位 1 的量子位时，Alice 将泡利 X 门应用于该量子位。然后，将量子位依次发送给 Bob。Bob 进行观测并逐位读取密钥。

这一算法的量子电路如图 8.8 所示。执行程序时，例如运行 mvn javafx:run，将在控制台中显示如下输出：

```
Alice sent 0 and Bob received 0
Alice sent 1 and Bob received 1
Alice sent 0 and Bob received 0
Alice sent 0 and Bob received 0
```

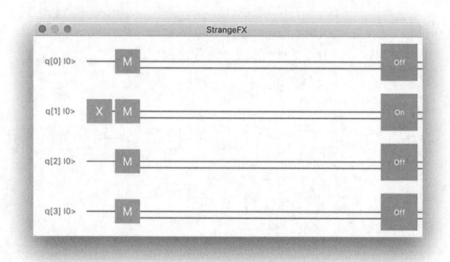

图 8.8   应用程序算法的量子电路

注意：每次运行这段程序的具体输出都是不同的，因为 Alice 的初始位是随机生成的。

8.2 节的末尾说到，我们目前在单个节点上运行示例程序。这意味着 Alice 和 Bob 执行的部分算法是在同一个节点上执行的。但请记住，算法中有一个隐含点，即我们假设量子位是可以从 Alice 发送给 Bob 的，如图 8.9 所示。

应用程序的输出说明 Alice 可以创建一个随机位序列，Bob 可以接收相同的随机位序列。即可以利用量子位通过网络电缆传输位。

如果量子网络可靠且安全，那么这种方法就是可行的。之前已经了解，量子位不可克隆，一旦对量子位进行观测，它就会坍缩到基态。因此在处理需要防止窃听的量子网络时，这种特性是非常有用的。

但是，当前的应用程序很不安全。假设 Eve 仍位于网络中间，观测 Alice 发送给 Bob 的所有量子位通信。我们知道当 Eve 观测量子位时，其值会变成 0 或 1。如果量子位处于叠加态，则其叠加态信息会丢失。但在目前的算法中，量子位都没有处于叠加态。因

此 Eve 知道，如果她的观测值为 0，则量子位的原始状态就是 $|0\rangle$，这样她就可以也创建一个初值为 $|0\rangle$ 的新量子位，并放回传输给 Bob 的线路中。同理，若 Eve 的观测值为 1，那么她也知道量子位的状态是 $|1\rangle$。她可以创建一个初值为 $|0\rangle$ 的新量子位，应用泡利 X 门将其变为 $|1\rangle$ 状态，再发送给 Bob。详情如图 8.10 所示。

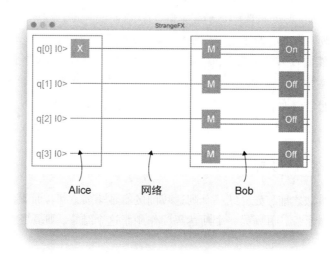

图 8.9　算法的第 1 部分由 Alice 执行，然后通过量子网络将量子位发送给 Bob，并执行算法的第 2 部分

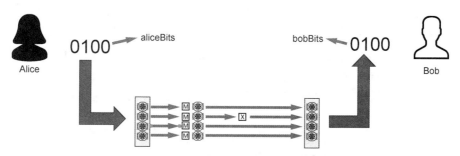

图 8.10　Eve 读取量子位并基于观测值创建新量子位

可以看到，窃听部分发生在网络层。当 Eve 访问网络时，便可以获得 Alice 和 Bob 共享的密钥（其实并不秘密）。她的观测值与 Alice 用来生成量子位的位相同，这些值就是密钥。特别危险的是 Alice 和 Bob 并未察觉到发生了什么。Bob 接收量子位，进行观测并创建密钥。Bob 和 Alice 成功地交换了一条用密钥加密的消息——如果 Eve 截获了这条消息，就可以解密。

8.4　利用叠加态

到目前为止，我们还没有成功地使用量子技术生成仅由 Alice 和 Bob 共享的真正安全的密钥，也还没有真正利用量子位与经典位的主要差异。如果量子位的状态不是 $|0\rangle$ 就是 $|1\rangle$，那么量子位的许多优势都浪费了。

在观测之后，Eve 只要知道原量子位的状态不是 $|0\rangle$ 就是 $|1\rangle$，就可以很容易地重建原量子位（或者至少是重建一个与原量子位状态相同的量子位）。如果这些量子位处于叠加态，虽然她的观测值还是 $|0\rangle$ 或 $|1\rangle$，但是无法获取有关原量子位的任何信息。接下来将利用叠加态扩展上面的朴素算法——Alice 发送的量子位将不再处于 $|0\rangle$ 或 $|1\rangle$ 的状态，而是处于叠加态，并解释 Bob 如何在接收到 Alice 发送的量子位后，获取原来的信息。

8.4.1　应用两个阿达玛门

在修改算法之前，先介绍一个阿达玛门的有趣事实。可以证明，如果先用一个阿达玛门作用于量子位，再用另一个阿达玛门作用于这个结果，则最终生成的量子位会与原来的状态相同。

先编写代码来进行验证，清单 8.2 是配套资源的 ch08/haha 目录中的相关代码片段。

清单 8.2　连续应用两次阿达玛门

```
QuantumExecutionEnvironment simulator =
        new SimpleQuantumExecutionEnvironment();
                                                        创建含 2 个量子位的
                                                        程序
Program program = new Program(2);
Step step0 = new Step();
step0.addGate(new X(0));                     ← 将第 1 个量子位状态翻转为 |1⟩，第 2 个
                                                量子位的状态维持为 |0⟩
Step step1 = new Step();
step1.addGate(new Hadamard(0));
step1.addGate(new Hadamard(1));

Step step2 = new Step();
step2.addGate(new Hadamard(0));              ← 再对 2 个量子位应用
step2.addGate(new Hadamard(1));                 一次阿达玛门

program.addStep(step0);
program.addStep(step1);
program.addStep(step2);
```

对 2 个量子位应用阿达玛门

将所有步骤加入程序

观测量子位
```
Result result = simulator.runProgram(program);   ← 运行程序
Qubit[] qubit = result.getQubits();

Renderer.renderProgram(program);   ← 将结果渲染为图形
```

应用程序的运行结果如图 8.11 所示。

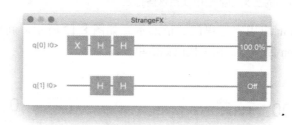

图 8.11　连续应用两次阿达玛门的结果

图形结果表示如果量子位的初始状态为 $|0\rangle$，则应用两次阿达玛门之后的状态一定还是 $|0\rangle$。同理，如果量子位的初始状态为 $|1\rangle$，则应用两次阿达玛门之后的状态一定还是 $|1\rangle$。

　　注意：我们只证明了如果量子位的初值为 $|0\rangle$ 或 $|1\rangle$ 的情况，在数学上可以证明这对任意状态的量子位都成立。

我们从以上代码了解到：如果 Alice 在将量子位发送给 Bob 之前应用了阿达玛门，则 Bob 也只需要应用一次阿达玛门，然后再进行观测，量子位的结果就会与 Alice 的初始状态相同（$|0\rangle$ 或 $|1\rangle$）。

8.4.2　发送叠加态量子位

下面利用叠加态的优势修改算法。此次，Alice 仍然根据随机位创建量子位密钥，但她在将量子位（$|0\rangle$ 或 $|1\rangle$）发送给 Bob 之前，先应用阿达玛门。Bob 收到量子位后，也首先应用阿达玛门，以将量子位变回 Alice 创建时的原状态。

叠加态量子位的简单记法

　　在继续之前，先介绍一种从基态进入叠加态的量子位的简单记法。第 4 章学习过应用阿达玛门会将状态为 $|0\rangle$ 的量子位变为下述状态

$$\frac{1}{\sqrt{2}}\left(|0\rangle+|1\rangle\right)$$

这种状态常在算法中用到，可以简记为 $|+\rangle$。

同理，应用阿达玛门会将状态为 $|1\rangle$ 的量子位变为下述状态

$$\frac{1}{\sqrt{2}}\big(|0\rangle - |1\rangle\big)$$

这种状态可以简记为 $|-\rangle$。

我们将在本书的正文和插图中使用这些记法。

Alice 和 Bob 应用阿达玛门的情形示意如图 8.12 所示。新代码位于配套资源的 ch08/superposition 目录中，相关代码如清单 8.3 所示。

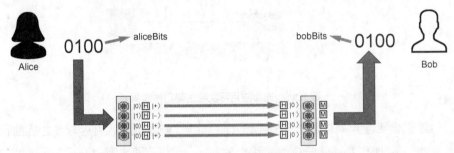

图 8.12　Alice 在发送量子位前应用阿达玛门，Bob 在观测量子位之前也应用阿达玛门

清单 8.3　利用叠加态防止轻松截获密钥

```
final int SIZE = 4;
Random random = new Random();

boolean[] aliceBits = new boolean[SIZE];              Alice 创建由随机
for (int i = 0 ; i < SIZE; i++) {                     位组成的密钥
    aliceBits[i] = random.nextBoolean();
}

QuantumExecutionEnvironment simulator =
        new SimpleQuantumExecutionEnvironment();
Program program = new Program(SIZE);                  Alice 利用阿达玛门使这些量子位
Step prepareStep = new Step();                        进入叠加态，并通过网络传输
Step superPositionStep = new Step();
Step superPositionStep2 = new Step();                 根据这些随机位将量
Step measureStep = new Step();                        子位初始化
for (int i = 0; i < SIZE; i++) {
    if (aliceBits[i]) prepareStep.addGate(new X(i));
    superPositionStep.addGate(new Hadamard(i));
```

Bob 观测
量子位

```
        superPositionStep2.addGate(new Hadamard(i));
        measureStep.addGate(new Measurement(i));
    }
```

Bob 接收量子位，然后也
应用阿达玛门变换

```
    program.addStep(prepareStep);
    program.addStep(superPositionStep);
    program.addStep(superPositionStep2);
    program.addStep(measureStep);
```

将上述步骤
加入程序

```
    Result result = simulator.runProgram(program);
    Qubit[] qubit = result.getQubits();
```

运行程序

```
    int[] measurement = new int[SIZE];
    boolean[] bobBits = new boolean[SIZE];
    for (int i = 0; i < SIZE; i++) {
        measurement[i] = qubit[i].measure();
        bobBits[i] = measurement[i] == 1;
        System.err.println("Alice sent " +
            (aliceBits[i] ? "1" : "0") +
                " and Bob received " +
            (bobBits[i] ? "1" : "0"));
    }
```

观测 Bob 的量子位，同时输出 Alice
和 Bob 的位，结果应当一一对应

用你喜欢的方式运行这一应用程序（如执行 mvn javafx:run 命令），将看到如下输出
（同样，根据生成位的随机值不同，具体结果不一定完全相同）：

```
Alice sent 0 and Bob received 0
Alice sent 1 and Bob received 1
Alice sent 0 and Bob received 0
Alice sent 0 and Bob received 0
```

应用程序将创建如图 8.13 所示的电路。

与预期结果一致，在应用两次阿达玛门之后，Bob 观测的量子位与 Alice 发送的量
子位的值相同。因此，从程序的角度，这一算法可以使 Alice 和 Bob 共享相同的密钥。
但这种方法安全吗？

如果 Eve 仍然在网络中间监听，她可以观测 Alice 发送的量子位。但是无论 Alice
想要发送的位是 0 还是 1，Eve 都有 50% 的概率观测值为 0、50% 的概率观测值为 1。因
此，她无法知道 Alice 发送给 Bob 的原始量子位——至少按照之前的方式不行。这一过
程如图 8.14 所示。

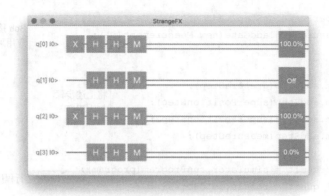

图 8.13　利用叠加态通过网络发送量子位

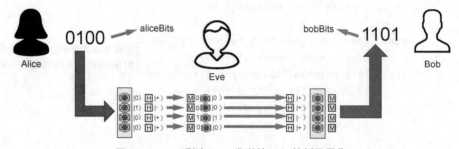

图 8.14　Eve 观测 Alice 发送给 Bob 的新量子位

　　可以看到，Eve 的情况完全不对了。她观测 Alice 发送的量子位时，会随机得到 0 或 1 的结果。这是因为 Alice 发送的量子位状态不是 $|+\rangle$ 就是 $|-\rangle$，而无论是哪种情况，观测的结果都是 50%的概率得到 0、50%的概率得到 1，真实的信息隐藏在了叠加态背后。而 Eve 并不知情，她获取的值可能正确，也可能不正确。例如在图 8.14 中，第 1 个量子位的原状态为 $|0\rangle$，Eve 的观测值也是 $|0\rangle$，这就是正确的；第 2 个量子位的原状态为 $|1\rangle$，Eve 的观测值却是 $|0\rangle$，这就是不正确的。因此用这种方法，Eve 无法得知他们共享的密钥。

　　另外，Eve 要想把自己隐藏起来，就需要根据观测结果创建新量子位，再发送给 Bob。在这种情况下，她幸运地观测到第 1 个量子位的值为 0，因此创建了一个状态为 $|0\rangle$ 的新量子位再发送给 Bob。而 Bob 不知道发生了什么，仍然假设 Alice 将叠加态量子位发送了过来，对其应用阿达玛门。这样 Eve 发送的量子位就会处于叠加态。当 Bob 进行观测时，他可能观测到 $|0\rangle$，也可能观测到 $|1\rangle$。在图中，Bob 观测到了 1，这不是 Alice 想发送的值。

　　在经典加密算法中，Alice 和 Bob 都可以用传输的一部分位进行校验。他们会共享这些位的值（这使得这些位不再有用，因为它们不再安全）。如果这些位的值不同，那么 Alice 和 Bob 就知道中间出现了问题，且整个密钥也不安全了。因此这种情况很清楚地说明 Eve 不可能在不发生错误或不被发现的情形下获取密钥。

但是 Eve 也会学习。Eve 如果知道 Alice 在通过网线传输量子位之前应用了阿达玛门，就可以在观测时也应用阿达玛门——和 Bob 的做法相同。她会得到 Bob 应得到的正确结果，与 Alice 准备发送的量子位相同。

但这并不会帮到 Eve，因为 Bob 不会收到这些量子位，Eve 在观测之后就会破坏叠加态。但是既然 Eve 知道了 Alice 的做法，她在创建新量子位时也可以做相同的事情。这样，Bob 收到的量子位和 Alice 发送的量子位就处于相同的状态。他如果使用阿达玛门，然后进行观测，得到的位就和 Alice 想发送的相同。这一过程示意如图 8.15 所示。

这样做的结果，是不仅 Alice 和 Bob 共享了密钥，Eve 也获取了密钥。因此这个方法也不安全。

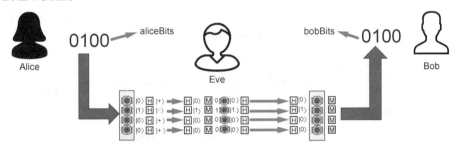

图 8.15　Eve 在观测 Alice 发送的量子位之前先应用阿达玛门，
然后在发送给 Bob 之前也应用阿达玛门

8.5 BB84

前面的方法都不可行，因为 Eve 知道 Alice 的操作，也知道 Bob 的操作。本节，将介绍使 Eve 截获密钥变得很困难，或者说完全不可能的方法。

8.5.1 迷惑 Eve

Eve 无法被发现的原因是，她向 Bob 发送的量子位与她从 Alice 那里截获的量子位状态相同。如果 Alice 在将量子位传输给 Bob 之前只使用泡利 X 门或者什么都不做，Eve 都可以对量子位进行观测，并获得原始信息。而如果 Alice 应用了阿达玛门，那么 Eve 在观测量子位之前也应用阿达玛门即可。

但如果 Eve 不知道 Alice 有没有应用阿达玛门呢？她应不应该使用阿达玛门呢？让我们分析这种情况。我们有 3 个变量，各有两种选项，组合成 8 种情况：

■ Alice 发送 0 或 1。

■ Alice 应用或不应用阿达玛门。

■ Eve 应用或不应用阿达玛门。

配套资源的 ch08/guess 目录中的示例模拟了这些情况的可能结果，算法的相关片段如清单 8.4 所示。

清单 8.4　利用叠加态防止轻松截取密钥

```
final int SIZE = 8;        ←──── 考虑共 8 种可能的情况
                                （编号从 0 到 7）
...

for (int i = 0; i < SIZE; i++) {
    if (i > (SIZE/2-1)) {           在前 4 种情况中，Alice
        prepareStep.addGate(new X(i));  ←── 应用泡利 X 门
    }
    if ((i/2) % 2 == 1) {                    在第 2、3、6、7 种情
        superPositionStep.addGate(new Hadamard(i));  ←── 况中，Alice 应用阿达
    }                                         玛门
    if (i%2 ==1) {
        superPositionStep2.addGate(new Hadamard(i));  ←──
    }                                         在第 1、3、5、7 种情况
    measureStep.addGate(new Measurement(i));  ←── 中，Eve 应用阿达玛门
}
                        进行测量
```

for 循环中的代码创建了这 8 种情况，应用程序的视觉输出如图 8.16 所示。

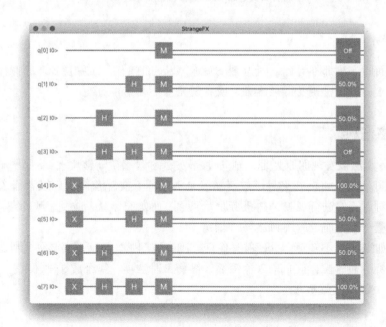

图 8.16　不同情况及其结果

前 4 个量子位没有应用泡利 X 门，因此它们表示值为 0 的位。下面更详细地分析一下这 4 种情况。我们在这里所做的分析也适用于后 4 个量子位，不同之处仅在于其初始值为 1。

如果 Alice 和 Eve 都应用阿达玛门或都不应用，那么 Eve 的观测值为 0。但是，如果其中一方应用阿达玛门，而另一方不用，则 Eve 观测值为 0 的概率为 50%，观测值为 1 的概率也为 50%。图 8.17 是图 8.16 的一部分，并且圈出了上述情况。Eve 的问题是无法判断其观测结果是否正确——她不知道 Alice 是否应用了阿达玛门，因此无法确定应适用哪种情况。更糟糕的是，Eve 也无法创造出与原始量子位状态相同的量子位。

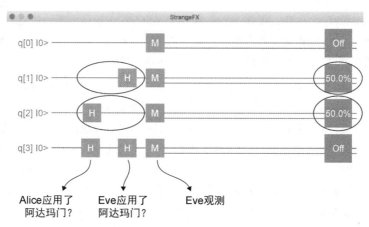

图 8.17　Alice 发送 0，观测结果取决于是否应用了阿达玛门

假设 Eve 观测量子位的结果是 0，从图 8.16 可知，有 6 种不同的情况都会使观测值为 0。其中 q[0] 和 q[3] 的观测值一定为 0，而 q[1]、q[2]、q[5]、q[6] 的观测值则有 50% 的概率为 0。在 q[5] 和 q[6] 的情况下，原量子位值为 1，而其他情况的原量子位值为 0。因为 Eve 知道自己有没有应用阿达玛门，所以她可以排除一般的情况，但仍然还剩下 3 种情况，原量子位值可能是 0，也可能是 1。由于 Eve 不知道原来的情况，因此她可以猜测，并创建一个符合某种情况的量子位——但也有可能，她选择错误，那么 Bob 收到的量子位将与 Alice 发送的量子位状态不同。稍后介绍如何进行检测。

8.5.2　Bob 也迷惑了

如果 Eve 不能重建原始的情况，那么 Bob 一定也不能。假定 Alice 和 Bob 并不事先共享信息——否则这个问题就已经解决了。

在算法中，我们将引导 Bob 在观测接收的量子位前随机选择应用或不应用阿达玛门。Bob 与 Eve 的情况非常相似，如果 Alice 和 Bob 都应用阿达玛门，或者都不应用，那么 Bob 的观测值一定与 Alice 的初始值一致。假设是 Bob 而不是 Eve 做了刚才的事，那么图 8.16 和图 8.17 也是适用的。但是，如果 Alice 应用了阿达玛变换而 Bob 没有，或者如果 Alice 没有应用阿达玛变换但 Bob 应用了,那么结果都有可能是错误的。

让 Eve 的情况变复杂的原因似乎也能使 Bob 的情况变得同样复杂。Alice 和 Bob 都随机决定是否应用阿达玛门,但从前面应用程序的输出中可以清楚地看出,Alice 和 Bob 如果都应用或都不应用阿达玛门,就可以实现密钥的共享。在这种情况下,Alice 的初始值一定与 Bob 的观测值相同。

8.5.3 Alice 和 Bob 进行通信

从前面的讨论可知,如果 Alice 和 Bob 都应用或者都不应用阿达玛门,那么 Alice 的初始值一定与 Bob 的观测值相同,且可以实现密钥的共享。但是他们如何知道情况是否如此呢?答案很简单:他们告诉对方是否应用了阿达玛门。

> **注意:** 这听起来可能很令人惊讶。如果 Alice 和 Bob 通过公共信道告诉对方是否应用了阿达玛门,那么 Eve 可能也正窃听!但事情是这样的:Alice 和 Bob 只有在 Bob 收到并观测量子位之后才共享这些信息,这时 Eve 已经什么都做不了了。Eve 如果事先知道这些信息,就可以操作系统,因为她如果知道 Alice 是否应用阿达玛门,就能轻松复制量子位。但她必须在向 Bob 发送量子位之前做出决定,而这个决定取决于她从 Alice 那里截获的量子位的观测结果。而这时,量子位的所有信息都被破坏了。对于 Eve 来说这个公共信息毫无用处。

Alice 和 Bob 在共享关于阿达玛门的信息时,只需要将是否应用阿达玛门的决定不一致的相应的量子位观测值删除,其余值都一定是正确的。

> **注意:** Alice 和 Bob 只共享关于阿达玛门的信息,他们不会共享 Alice 的初始值,也不会共享 Bob 的观测值。但他们同样知道,这些值一定是相等的,可以将其用作共享密钥的一部分。

通常,Alice 和 Bob 会使用部分密钥检查连接是否被窃听,例如保留一些空间添加校验和。Eve 知道她无法在不引起注意的情况下获得原始密钥,如果她仍旧想尝试获取密钥,就不得不持续猜测是否要应用阿达玛门。如果猜错了,她发送给 Bob 的量子位就不会与 Alice 发送的完全相同,这样 Bob 的观测值和 Alice 使用的值就会不同。而如果 Alice 和 Bob 在这个量子位上都应用了或都没有应用阿达玛门,而且 Alice 的初始值和 Bob 的观测值不同,那么 Alice 和 Bob 就知道了连接已被篡改。

8.6 Java 中的量子密钥分配

结合前几节的知识,便可以利用 Java 创建 QKD 应用程序。配套资源的 ch08/bb84 目录中的示例实现了它。

8.6.1 代码

我们不会在这里展示所有示例代码，但会重点关注一些重要的片段。

变量初始化

首先初始化一些数组。

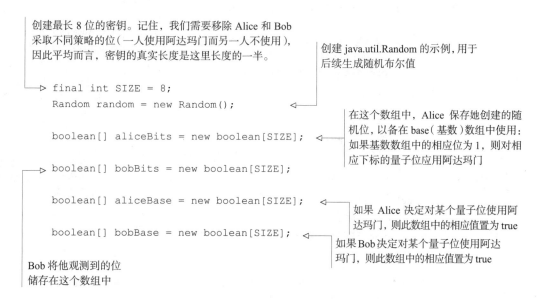

创建最长 8 位的密钥。记住，我们需要移除 Alice 和 Bob 采取不同策略的位（一人使用阿达玛门而另一人不使用），因此平均而言，密钥的真实长度是这里长度的一半。

创建 java.util.Random 的示例，用于后续生成随机布尔值

在这个数组中，Alice 保存她创建的随机位，以备在 base（基数）数组中使用：如果基数数组中的相应位为 1，则对相应下标的量子位应用阿达玛门

如果 Alice 决定对某个量子位使用阿达玛门，则此数组中的相应值置为 true

如果 Bob 决定对某个量子位使用阿达玛门，则此数组中的相应值置为 true

Bob 将他观测到的位储存在这个数组中

```java
final int SIZE = 8;
Random random = new Random();

boolean[] aliceBits = new boolean[SIZE];

boolean[] bobBits = new boolean[SIZE];

boolean[] aliceBase = new boolean[SIZE];

boolean[] bobBase = new boolean[SIZE];
```

准备步骤

我们创建的量子应用程序包括多个步骤，第 1 个、第 2 个步骤由 Alice 进行，第 3 个、第 4 个步骤由 Bob 进行。

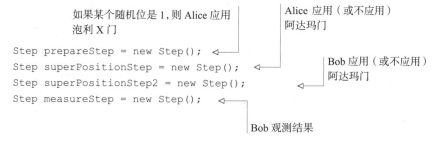

如果某个随机位是 1，则 Alice 应用泡利 X 门

Alice 应用（或不应用）阿达玛门

Bob 应用（或不应用）阿达玛门

Bob 观测结果

```java
Step prepareStep = new Step();
Step superPositionStep = new Step();
Step superPositionStep2 = new Step();
Step measureStep = new Step();
```

填写步骤

这些步骤要应用于每一个可能构成密钥的位，其中 3 个步骤取决于随机值。

根据第 1 个随机值，prepareStep 步骤可能应用泡利 X 门。应用泡利 X 门的概率是 50%，使量子位进入 $|1\rangle$ 状态，而不应用泡利 X 门的概率也是 50%，量子位维持 $|0\rangle$

状态。

第 2 个随机值决定 Alice 的 superPositionStep 步骤是否应用阿达玛门。而在下一个步骤 superPositionStep2 中，还有一个随机值决定 Bob 是否应用阿达玛门。

下列步骤应用于每一个密钥的候选位

一个随机值决定 Alice 的位是 0 还是 1

```
for (int i = 0; i < SIZE; i++) {

    aliceBits[i] = random.nextBoolean();
    if (aliceBits[i]) {
        prepareStep.addGate(new X(i));
    }

    aliceBase[i] = random.nextBoolean();
    if (aliceBase[i]) {
        superPositionStep.addGate(new Hadamard(i));
    }

    bobBase[i] = random.nextBoolean();
    if (bobBase[i]) {
        superPositionStep2.addGate(new Hadamard(i));
    }

    // Finally, Bob measures the result
    measureStep.addGate(new Measurement(i));
}
```

如果 Alice 的位是 1，则对 $|0\rangle$ 应用泡利 X 门

存储在 aliceBase 数组的随机值决定 Alice 是否应用阿达玛门

存储在 bobBase 数组的随机值决定 Bob 是否应用阿达玛门

Bob 观测量子位

运行应用程序

现在需要在量子模拟器中运行应用程序，与前几章使用的方法相同。

```
QuantumExecutionEnvironment simulator =
        new SimpleQuantumExecutionEnvironment();
program.addStep(prepareStep);
program.addStep(superPositionStep);
program.addStep(superPositionStep2);
program.addStep(measureStep);

Result result = simulator.runProgram(program);
Qubit[] qubit = result.getQubits();
```

创建 QuantumExecutionEnvironment 环境

将前面创建的步骤加入进来

在模拟器上运行量子程序

将结果指派到量子位数组中

处理结果

运行程序、得出结果之后，就可以处理这些结果了。在这个阶段，要为 Alice 和 Bob 决定每个位是否为密钥的一部分。

```
int[] measurement = new int[SIZE];
    for (int i = 0; i < SIZE; i++) {      ←── 对每个候选位执行下列步骤，评估这个位
        measurement[i] = qubit[i].measure();    是否应为密钥的一部分
        bobBits[i] = measurement[i] == 1;  ←── 将 bobBits 的此位设为量子位的
                                               观测结果

    if (aliceBase[i] != bobBase[i]) {
        System.err.println("Different bases used,
            ignore values "+aliceBits[i]+
            " and "+ bobBits[i]);          ←── 否则，Alice 和 Bob 采取了相同的
    } else {                                   阿达玛门策略，Alice 的初始值和
        System.err.println("Same bases used.    Bob 的观测值相同
            Alice sent " + (aliceBits[i] ? "1" : "0")
            + " and Bob received "
            + (bobBits[i] ? "1" : "0"));
        key.append(aliceBits[i] ? "1" : "0");  ←── 这个位现已成为密钥的一
    }                                              部分
}
```

如果 Alice 和 Bob 对该位选择的随机基数不同，则忽略该值并输出信息

8.6.2　运行应用程序

可以在配套资源的 ch08/bb84 目录下执行 mvn clean javafx:run 指令来运行应用程序。程序每次运行的具体结果都不同，下列输出只是众多可能性之一（图形输出见图 8.18）：

```
Same bases used. Alice sent 1 and Bob received 1
Same bases used. Alice sent 0 and Bob received 0
Same bases used. Alice sent 1 and Bob received 1
Different bases used, ignore values false and true
Same bases used. Alice sent 1 and Bob received 1
Different bases used, ignore values false and true
Same bases used. Alice sent 1 and Bob received 1
Different bases used, ignore values true and true
Secret key = 10111
```

无论是文字输出，还是图形输出，都说明 Alice 和 Bob 在第 0、1、2、4、6 位上应用了相同的阿达玛门策略，因此这 5 个位构成了密钥。其余的位则没有用，因为 Alice 和 Bob 应用了不同的阿达玛门策略（Alice 或 Bob 其中一个人应用了阿达玛门，而另一个人没有应用）。

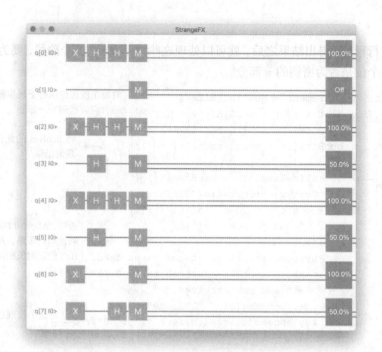

图 8.18　运行 BB84 应用程序得到的输出

SimulaQron 简介

到目前为止，所有的代码都在单一的量子运行环境中运行，可以借此解释 BB84 算法的概念。但实际上，安全通信需要两个不同的节点。如果想在这两个节点之间生成共享密钥，就需要能将量子位从一个节点发送到另一个节点的方法，这需要一个分布式版本的量子运行环境。

QuTech 的 SimulaQron 项目很有趣，它提供了一种将量子位从一个节点传输到另一个节点的方法。QuTech 的目标之一是使用光缆构建量子计算机网络。从已经展示的代码中，可以清楚地看到，即使可用的量子位数量非常少，量子网络也有巨大的好处。单个量子位可用于在两方之间生成共享密钥。只需重复多次，就可以获得所需长度的共享密钥。

在物理量子网络进步的同时，QuTech 也在构建一个类似于经典网络的协议栈。这种栈对硬件实现进行了抽象，使开发人员免受低级实现的影响。使用此类协议栈顶层的开发人员可以创建应用程序，并将其运行于协议的不同底层实现。这是很有用的，因为相同的代码可以用于不同类型的硬件。此外，它还使在硬件尚不可用时使用模拟器运行代码成为可能。

SimulaQron 提供了一个名为 CQC 的协议，支持高级程序语言（如 Java、Python、C 等）使用量子网络功能并与相应实现进行交互。Strange 模拟器正在增加对 CQC 协议的支持。

因此，使用 Strange 编写的应用程序将能在分布式系统上运行。在第一阶段，这个系统只是一个包含量子模拟器的网络，但在后续阶段，一旦网络中有真正的量子节点，应用程序应该也能在真正的硬件上工作。

本章小结

- 安全通信是当今 IT 领域的重要主题，黑客们在不停试图拦截消息和密钥。
- 消息可以使用一次性密钥加密。每条消息使用不同的密钥加密，便增加了破解的难度。
- BB84 算法是生成一次性密钥的著名量子算法。
- 利用 Strange，便可以用 Java 实现 BB84 算法。

第 9 章　多伊奇-约萨算法

本章内容

- 从经典函数中获取信息
- 函数求值与函数性质
- 与经典黑箱函数对应的量子逻辑门
- 多伊奇算法和多伊奇-约萨算法

　　本章讨论的多伊奇-约萨算法（Deutsch-Jozsa algorithm）展示了典型量子算法的一些特征，该算法虽然少有直接的实际使用案例，但却是解释量子算法所遵循的逻辑的好工具。

9.1　当解答不是问题时

　　你知道 168153 这个数能否被 3 整除吗？有很多方法可以得出答案，例如，可以简单地利用计算器得出结果：

$$168153 / 3 = 56051$$

　　商为 56051，但这并不是问题想问的。其实我们并不关心结果是多少，而是根据这个结果，获知真实的答案：小数点后没有数字，所以可以得出结论，这个数能被 3 整除。

得出这个问题的答案还有其他方法，也许你知道一个简单的技巧，即把各个数位上的数字相加求和，检验这个和能否被 3 整除。如果可以，那么原来的数字也能被 3 整除。就像这样：

$$1 + 6 + 8 + 1 + 5 + 3 = 24$$

因为 24 能被 3 整除，所以可以得出结论，168153 也能被 3 整除。

第 1 种方法（利用计算器）给出了除法的结果，而且也得出了我们想要的答案。而第 2 种方法（求各数位之和）则只提供了最后的答案，而没有给出除法的结果。

这种情况在许多案例中都能看到，人们关心的是某事物的特定性质（例如函数中的一个数），并不关心函数的结果，但想从函数中获得一些信息。求出函数值通常是最简单的方法，但间接关注函数的性质并得出结论有时更高效。

在量子计算中，这一点更为有趣。含 n 个量子位的量子计算机，在研究一个特定的函数时，每次只能求一个函数值。将该量子电路应用于一组特定的输入量子位集合，会改变这些量子位的状态。对它们进行观测只能得到一个特定的结果。如果想得到一个新的结果，则需要再次运行电路。即使对输入量子位应用阿达玛门，使它们进入叠加态（这使得我们可以同时对状态为 0 和 1 的量子位求函数值），也不能神奇地创造出新的量子位来保存不同情况的信息。图 9.1 展示了含两个量子位的系统。

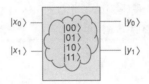

图 9.1　含两个量子位的量子系统可以求很多个值，但我们只能观测两个量子位

内部计算可以求多个值，但不能同时给出这些结果。我们只能获取限于 n 个量子位的结果，不过这通常已经可以解决问题。在判断一个数能否被 3 整除的案例中，一个量子位足以存储答案，因为不需要给出除法的结果。

本章将用量子计算展示这种方法，只研究作用于 n 个位的函数 f 的性质，而不关心这个函数本身的求值结果。在本章展示的示例中，利用经典方法需要求 $(2^{n-1} + 1)$ 个函数值，而利用量子算法只需要求 1 个值就能获取我们想要的性质。

我们使用的函数都很简单，这个问题也没有直接的应用场景，但可以展示量子计算的一个重要方面，也可以解释为什么量子计算常常与"指数级"复杂度有关。我们会看到，函数的输入位数越多，用经典方法解决起来就越困难。参数 n 是指数级增长的，而我们在第 1 章已经看到，指数函数的值会快速膨胀。如果量子算法可以通过求 1 个函数（或者远少于指数级数量的函数）的值轻松解决相同的问题，量子计算机将拥有巨大优势。

我们会逐步地解释算法如何实现这一点，并遵循图 9.2 所示的方法。

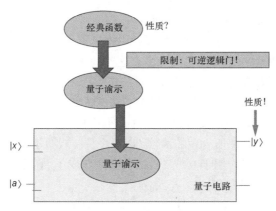

图 9.2 求函数性质的方法

　　首先，讨论函数的性质以及如何用经典方式获得这些性质。然后，把函数转换为称为"谕示"（oracle）的量子模块，说明这样做的一些前提要求。一旦可以创建一个代表经典函数的量子谕示，这个谕示就可以用于量子电路。运行这个量子电路 1 次就会得出我们想知道的函数性质。

9.2 函数的性质

　　在许多有函数参与的经典情况中，你可能需要求出函数的结果。例如函数 $y(x) = x^2$。例如若想知道函数在 $x = 4$ 和 $x = 7$ 时的值，需要求出函数值：

$$y(4) = 4^2 = 16$$
$$y(7) = 7^2 = 49$$

　　但在许多情况下，函数值并不重要，我们关心的是函数的性质。此时，量子算法就会很有帮助。第 11 章展示的周期函数就是其中一个例子。我们关注的不是函数的单个值，而是它的周期。所谓周期函数是指函数值按固定的周期重复出现的函数，如表 9.1 所示。

表 9.1　　　　　　　　　　　　　　　　　周期函数示例

x	0	1	2	3	4	5	6
y	7	9	5	7	9	5	7

　　表 9.1 中，函数的周期是 3：对于任意的 x，其函数值都与 $x+3$ 时的函数值相等。这就是函数的性质比函数值本身更有趣的一个例子。

常数与平衡函数

　　通常，人们将函数记为 $f(x)$ 的形式，代表作用于自变量 x 上的函数 f。对特定输入求出的函数值也称为结果，可记为 y，即 $y=f(x)$。

本章从性质简单的一组简单函数开始引入。首先介绍的函数只有 1 个输入位，后面再拓展到有 n 个输入位的情况。在所有这些例子中，函数的结果都是 0 或 1。

这里讨论的函数都有一个特殊的性质：要么是常数函数，要么是平衡函数。常数函数的结果不依赖于输入。在我们的例子中，这意味着对于所有的输入，函数的结果都是 0 或者都是 1。平衡函数是指结果为 0 和 1 的概率均为 50% 的函数。

我们约定多伊奇算法所处理的函数 f 以一个位（或布尔值）作为输入，同样也以一个位作为输出。函数只作用于 0 或 1，结果也是 0 或 1。两个输入和两个输出可以组合成函数的 4 种情况，记为 f_1、f_2、f_3、f_4：

$$f_1 : f(0) = 0, \quad f(1) = 0$$
$$f_2 : f(0) = 0, \quad f(1) = 1$$
$$f_3 : f(0) = 1, \quad f(1) = 0$$
$$f_4 : f(0) = 1, \quad f(1) = 1$$

根据定义可知，f_1 和 f_4 是常数函数，而 f_2 和 f_3 是平衡函数。

在许多经典算法中，求出特定输入的函数值很重要。而在许多量子算法中，得知所研究的函数的性质则很重要。

这就是考虑量子算法时所需的"差异化思考"。利用叠加态量子计算机可以同时求出许多概率，但是由于获取结果需要观测，叠加态会消失，最终还是会回到单一的值。因此，量子算法的附加价值是函数求值的过程，而不是函数求值的结果。

在多伊奇算法（Deutsch algorithm）中给定了一个未知函数，我们只知道它是 f_1、f_2、f_3、f_4 之一，现在需要找出这个函数是常数函数还是平衡函数。我们的任务并非判断函数具体是 f_1、f_2、f_3、f_4 中的哪一个，只需要知道函数的性质，而非函数本身。这一问题示意如图 9.3 所示。

为了得到问题百分百确定的答案，需要求几次函数值呢？如果只求一次（只计算 $f(0)$ 或 $f(1)$），显然信息不足。

假设观测 $f(0)$ 得到的结果为 1，从前面的列表中可以看出，在这种情况下，函数可能是 f_3（平衡函数）或者 f_4（常数函数），所以信息不充足。而如果观测 $f(0)$ 的结果是 0，从列表中可以看出这个函数可能是 f_1（常数函数）或者 f_2（平衡函数）。同样，只观测 $f(0)$ 也不足以得出函数是常数函数还是平衡函数的结论，两种情况都有可能。

练习

证明只观测 $f(1)$ 也无法做出上述判断。

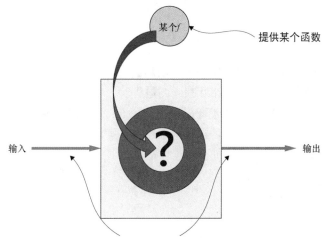

提供某个函数

输入

输出

基于提供的输入和观测的输出，判断
这个函数是常数函数还是平衡函数

图 9.3 对函数求值以了解未知函数的性质

这说明要想确定给定函数是常数函数还是平衡函数，需要两次求值。下面编写一个如清
单 9.1 所示的 Java 程序进行说明，可以在配套资源的 ch09/function 目录中找到示例应用程序。

清单 9.1　两次求值确定函数是常数函数还是平衡函数

```java
static final List<Function<Integer, Integer>> functions = new ArrayList<>();

static {
    Function<Integer, Integer> f1 = (Integer t) -> 0;
    Function<Integer, Integer> f2 = (Integer t) -> (t == 0) ? 0 : 1;
    Function<Integer, Integer> f3 = (Integer t) -> (t == 0) ? 1 : 0;
    Function<Integer, Integer> f4 = (Integer t) -> 1;
    functions.addAll(Arrays.asList(f1, f2, f3, f4));
}

public static void main(String[] args) {
    Random random = new Random();
    for (int i = 0; i < 10; i++) {
        int rnd = random.nextInt(4);
        Function<Integer, Integer> f = functions.get(rnd);
        int y0 = f.apply(0);
        int y1 = f.apply(1);
        System.err.println("f" + (rnd + 1 + " is a "
                + ((y0 == y1) ? "constant" : "balanced"))
```

准备 4 种可能的
函数,这一步骤只
需进行一次

进行 10 次
实验

进行两次函数
求值:一次以 0
作为输入,一次
以 1 作为输入

随机选择一个函数, 但
并不知道其实现

若两次求值结果相同, 则为常
数函数; 否则为平衡函数

```
                                     + " function"));
                }
        }
```

上述代码在它的一个静态代码块中创建了 4 种可能的函数。这样做是为了强调函数的创建和其性质的确定是两个相互独立的过程。

创建函数之后，应用程序才真正开始。在 for 循环中，随机选择一个函数，根据两次函数求值，就可以确定函数是常数函数还是平衡函数。

一种可能的程序运行结果如下：

```
f4 is a constant function
f4 is a constant function
f3 is a balanced function
f1 is a constant function
f2 is a balanced function
f2 is a balanced function
f1 is a constant function
f4 is a constant function
f3 is a balanced function
f2 is a balanced function
```

结果与预期一致，应用程序的每次循环都给出了正确答案。但在每次循环中，都进行了两次函数求值。正如之前所说，一次求值不足以判断函数是平衡函数还是常数函数。

9.3 可逆量子逻辑门

前面讨论了经典函数及其性质。在讨论这些函数的量子等价形式之前，我们还需要更详细地了解量子逻辑门的要求。

前面的章节介绍了一些量子逻辑门，它们与经典计算中用到的逻辑门有一些相似之处，但也有一些本质的区别。

量子逻辑门在物理上是利用量子力学的性质实现的，因此必须服从一些量子力学的要求和限制，其中之一是量子逻辑门应当可逆。这意味着若对某种初状态应用量子逻辑门，则应该有另一个量子逻辑门能将其变回初状态。在量子系统中，信息不可能凭空消失，应用某个量子逻辑门之后，系统的信息应当能够恢复。第 7 章已简单介绍了这个性质。因为这是很重要的概念，下面将进行更细致的讨论。

我们讨论过的所有逻辑门都是可逆的，不妨用泡利 X 门作为简单例子来说明。在应用泡利 X 门之后，系统可以再通过一次泡利 X 门回到原来的状态。下面用两种方式进行解释：

- 实验证据；
- 数学证明。

9.3.1　实验证据

接下来创建一个简单的量子应用程序，对一个量子位先后应用两次泡利 X 门。这次不仅要考虑量子位为 $|0\rangle$ 或 $|1\rangle$ 的简单情况，还要人为地使这个量子位有 75% 的概率观测值为 1，电路如图 9.4 所示。

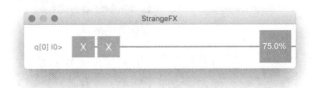

图 9.4　连续应用两次泡利 X 门的量子程序

本示例的代码可在配套资源的 **ch09/reversibleX** 目录中找到，相关代码如清单 9.2 所示：

清单 9.2　对一个量子位应用两次泡利 X 门

```
QuantumExecutionEnvironment simulator =
                new SimpleQuantumExecutionEnvironment();

Program program = new Program(1);
Step step0 = new Step();
step0.addGate(new X(0));

Step step1 = new Step();
step1.addGate(new X(0));
program.addStep(step0);
program.addStep(step1);
program.initializeQubit(0,.5);

Result result = simulator.runProgram(program);
Renderer.showProbabilities(program,1000);
Renderer.renderProgram(program);
```

创建含一个量子位的量子应用程序

在第 1 个步骤（step0）向量子位应用一次泡利 X 门

在第 2 个步骤（step1）向量子位再应用一次泡利 X 门

将步骤加入量子程序

初始化量子位使其 alpha 值为 0.5，这使其观测值为 0 的概率为 25%

执行量子程序

渲染运行程序 1000 次的统计结果

运行上述电路 1000 次的结果如图 9.5 所示。和预期一致，在两次应用泡利 X 门之后，观测值为 0 的频率约为 25%，观测值为 1 的频率约为 75%。这与人工初始化的量子位取值相同。

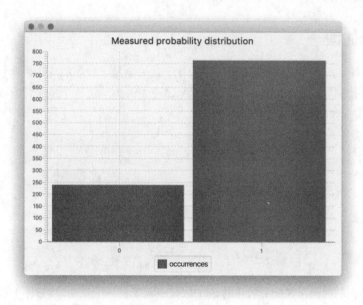

图 9.5   连续应用两次泡利 X 门的统计结果

9.3.2   数学证明

第 4 章介绍了向量子位应用逻辑门的数学等价表达式：将逻辑门矩阵与量子位的概率向量相乘即可。假设初始量子位记为

$$\boldsymbol{\psi} = \alpha|0\rangle + \beta|1\rangle$$

用向量可表示为

$$\boldsymbol{\psi} = \begin{bmatrix} \alpha \\ \beta \end{bmatrix} \tag{9.1}$$

应用两次泡利 X 门后，量子位的状态为

$$\boldsymbol{\psi}' = \boldsymbol{XX} \begin{bmatrix} \alpha \\ \beta \end{bmatrix}$$

其中 $\boldsymbol{X}$ 是泡利 X 门的矩阵，根据第 4 章所学知识，我们已经知道这个矩阵的结构，因此可写成

$$\boldsymbol{\psi}' = \begin{pmatrix} 0 & 1 \\ 1 & 0 \end{pmatrix}\begin{pmatrix} 0 & 1 \\ 1 & 0 \end{pmatrix}\begin{bmatrix} \alpha \\ \beta \end{bmatrix}$$

利用矩阵乘法（参见附录 B），可得

$$\boldsymbol{\psi}' = \begin{pmatrix} 1 & 0 \\ 0 & 1 \end{pmatrix}\begin{bmatrix} \alpha \\ \beta \end{bmatrix} = \begin{bmatrix} \alpha \\ \beta \end{bmatrix} \tag{9.2}$$

从式（9.2）可以看出，量子位的末状态 $\boldsymbol{\psi}'$ 可记为

$$\boldsymbol{\psi}' = \begin{bmatrix} \alpha \\ \beta \end{bmatrix}$$

这与式（9.1）中量子位的初状态完全一致。

这说明连续应用两次泡利 X 门后，量子系统完全回到应用之前的状态。因此，我们证明了泡利 X 门的确是一个可逆逻辑门，应用泡利 X 门的结果，可以通过再应用一次泡利 X 门予以撤销。证明泡利 X 门是可逆逻辑门的方法，也可以用于证明所学过的其他逻辑门也是可逆的。

> 注意：目前讲解过的逻辑门有一个特殊的性质，即它们都是自己的逆。这不一定永远成立，并未规定量子逻辑门必须是自己的逆。

9.4 定义谕示

在许多量子算法中都会用到谕示这个术语。在创建多伊奇算法的过程中，会用到谕示，所以在此稍作解释。

谕示用于描述一个量子黑箱——就像前面的函数（f_1、f_2、f_3、f_4）可以描述为经典黑箱一样。函数内部有一些计算流程，但在程序的主循环中，我们假设并不知道其内部发生的事情，只能求出不同输入的函数值。

谕示也沿用相同的概念。谕示内部由一个或多个量子逻辑门构成，但我们通常不知道是哪些逻辑门。通过询问谕示（例如发送输入并观测输出），可以了解这个谕示的一些性质。由于谕示是由量子逻辑门构成的，因此谕示本身必须是可逆的。

这样，谕示就可以被认为是前文讨论过的黑箱函数的量子等价版本。谕示和函数都执行一些计算，而我们却并不知道这些计算的细节，如图 9.6 所示。

接下来看一个将谕示用于简单量子应用程序中的例子。利用 Strange 模拟器，可以利用谕示的数学表达——矩阵来定义谕示。这听起来是在作弊：真的要定义我们原本不了解的东西吗？答案是肯定的，但我们确实需要通过某种方法创建这个谕示。在真实的量子应用程序中，这个谕示是由外部组件提供的。

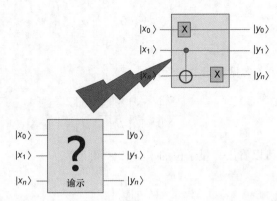

图 9.6　量子谕示表示为量子电路中的一个黑箱，内部由一些量子逻辑门组成

注意： 函数和谕示的创建应该是完全分离的过程。在接下来的算法中，我们假设其他人为我们创建了这个谕示，而算法本身并不知道这个谕示是如何创建的，也不知道它是简单还是复杂。这可能会让人困惑，而为了演示算法，我们需要创建一个谕示。但是，我们不应该把创建谕示的过程纳入对算法复杂度的考量。我们只需要认为某人（我们自己、其他开发者、真实硬件或者是大自然）为我们创建并提供了这个谕示。

我们学过的所有量子逻辑门都可以用矩阵表示，一个谕示包含 0 个或多个逻辑门，因此谕示也能用矩阵表示。谕示可以作为量子电路的一部分——我们看不到谕示的内部结构，但可以将其用于量子程序。

在 Strange 中，谕示是用表示它的矩阵来定义的。在真实的硬件中，谕示直接存在于其中；而对于软件模拟器，则需要我们定义谕示的行为，因此我们需要为其提供一个矩阵。图 9.7 展示了谕示如何作为量子程序的一部分。

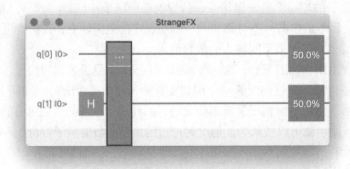

图 9.7　用竖向放置的矩形表示谕示，它可以用于量子电路。
电路首先应用了一个阿达玛门，然后应用这个谕示

下面编写一个利用谕示的量子程序。我们会用一个看起来熟悉的矩阵创建谕示。但建议你不要查看矩阵的内容，因为这样会破坏谕示的神秘面纱。不过你可以观察程序的结果，试着推测谕示的行为。

清单 9.3 中的代码片段取自配套资源的 ch09/oracle 目录中的示例。

清单 9.3　在量子应用程序中引入谕示

```
QuantumExecutionEnvironment simulator =
        new SimpleQuantumExecutionEnvironment();     ← 创建含 2 个量子位的
Program program = new Program(2);                       量子应用程序
Step step1 = new Step();
step1.addGate(new Hadamard(1));                ← 在第 1 个步骤中, 对第 2 个
                                                  量子位应用阿达玛门


Complex[][] matrix = new Complex[][]{         ← 创建含复数的矩阵, 这里暂
        {Complex.ONE,Complex.ZERO,               时不解释这些数值的含义
            Complex.ZERO,Complex.ZERO},
        {Complex.ZERO,Complex.ONE,
            Complex.ZERO,Complex.ZERO},
        {Complex.ZERO,Complex.ZERO,
            Complex.ZERO,Complex.ONE},
        {Complex.ZERO,Complex.ZERO,
            Complex.ONE,Complex.ZERO}
};
                                              利用矩阵
                                              创建谕示
Oracle oracle = new Oracle(matrix);       ←

Step step2 = new Step();                  ←
step2.addGate(oracle);                       创建第 2 个步骤并在其中应用谕示

program.addStep(step1);                   ←
program.addStep(step2);                      将 2 个步骤加入量子程序

Result result = simulator.runProgram(program);  ←
Renderer.showProbabilities(program,1000);          运行程序并展示电路图
Renderer.renderProgram(program);                   及 1000 次运行结果
```

创建的量子电路如图 9.7 所示，运行 1000 次的结果如图 9.8 所示。

观察统计结果，似乎只有两种可能的输出：$|00\rangle$ 和 $|11\rangle$。回想一下第 5 章创建的一个使 2 个量子位进入纠缠态的量子电路：有 50% 的概率观测值为 $|00\rangle$、有 50% 的概率观测值为 $|11\rangle$。这暗示了我们创建的谕示与最开始的阿达玛门结合起来，就能得到两个纠缠量子位。第 5 章通过在阿达玛门之后应用受控非门创建了 2 个量子位，因此可以推断

此处创建的谕示与受控非门的行为类似。如果查看谕示的内容，就会看到表示这个谕示的矩阵确实与受控非门的矩阵相同。这个练习说明我们可以将谕示应用于量子电路，并且在不知道其内部细节的情况下应用这个谕示。

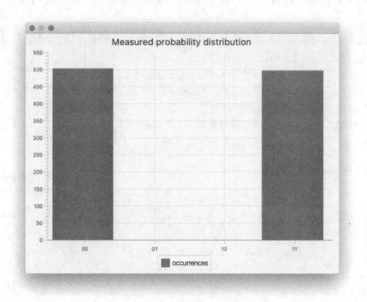

图 9.8　运行含谕示的量子程序的统计结果

9.5　从函数到谕示

在多伊奇算法中，求一次函数值就可以判断给定的函数是常数函数还是平衡函数。但在此之前，还需要将经典函数转换为量子操作。

不能将函数简单地作用于量子位上。记住，所有量子逻辑门都必须是可逆的。一个函数如果不具有可由输出反推输入的性质，则不能应用于量子电路中。因此，函数首先需要转换为可逆的谕示。

本节将展示谕示如何创建，并如何应用于 9.6 节的多伊奇算法。与经典函数应用于经典算法的方式类似，谕示也以相似的办法应用于量子算法。

本章讨论过的经典函数都可以转换为谕示，这 4 个函数可以转换为 4 个谕示。

根据函数创建谕示的一般方法如图 9.9 所示，在这种方法中，除了输入量子位 $|x\rangle$ 之外，还有一个附加量子位 $|a\rangle$。

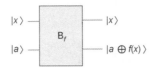

图 9.9 多伊奇算法使用的谕示

这一谕示将 $|x\rangle$ 量子位的状态保留，而 $|a\rangle$ 量子位则替换为 a 和 $f(x)$ 的异或（XOR）。下面更详细地分析前面的 4 个函数如何转换为这个谕示。

9.5.1 常数函数

现在，我们让 f 指代第 1 个函数 f_1，即无论输入如何，都返回 0 的常数函数。因此，对于任意 x，都有 $f(x)=0$，第 2 个量子位的输出状态可简化为

$$a \oplus f(x) = a \oplus 0 = a$$

得到的谕示如图 9.10 所示。在这种情况下，谕示可简化为单位矩阵，$|x\rangle$ 和 $|a\rangle$ 的输入和输出都不变。谕示中隐藏的逻辑可表示为图 9.11。

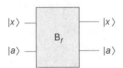

图 9.10 在多伊奇算法中使用的 f_1 的谕示

图 9.11 f_1 的谕示电路

描述这个谕示的矩阵可表示为：

$$\begin{pmatrix} 1 & 0 & 0 & 0 \\ 0 & 1 & 0 & 0 \\ 0 & 0 & 1 & 0 \\ 0 & 0 & 0 & 1 \end{pmatrix}$$

这个矩阵是单位矩阵，不改变量子位各观测值的概率。与这个矩阵相乘不改变概率向量，仍会得到原来的概率向量。

注意：图 9.11 的电路并不是唯一得到单位矩阵的电路。许多作用于两个量子位的电路也能返回原来的状态。例如，对每个量子位应用两次泡利 X 门就能得到原来的

状态。这就是谕示黑箱性质的体现：我们不知道内部的细节，通常也不去关心。

我们只是想研究谕示的某方面性质，而不是其内部实现。

第 4 个函数 f_4 是无论输入如何，永远返回 1 的常数函数。若使用 f 指代它，则应用谕示之后的第 2 个量子位的输出如下：

$$a \oplus f(x) = a \oplus 1 = \overline{a}$$

变量上方的横线表示对这个变量取反，在本例中可表示对 $|a\rangle$ 应用一次泡利 X 门。因此，这个谕示可表示为图 9.12。

图 9.12　f_4 的谕示电路

练习

证明这个谕示所对应的矩阵可表示为如下形式：

$$\begin{pmatrix} 0 & 0 & 1 & 0 \\ 0 & 0 & 0 & 1 \\ 1 & 0 & 0 & 0 \\ 0 & 1 & 0 & 0 \end{pmatrix}$$

9.5.2　平衡函数

下面研究第 2 个经典函数 f_2，用 f 指代它。该函数的定义为

$$f(0) = 0$$
$$f(1) = 1$$

可简记为 $f(x) = x$

利用图 9.9 中的谕示的一般描述，模式可简化为图 9.13。

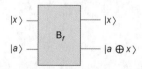

图 9.13　在多伊奇算法中使用的 f_2 的谕示

这与受控非门的行为完全相同。因此，f_2 所对应的这一谕示的一种可能的电路如图 9.14 所示。

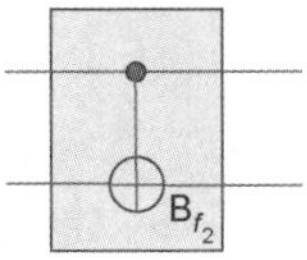

图 9.14 f_2 的谕示电路

这一谕示的描述矩阵与受控非门的矩阵相同：

$$\begin{pmatrix} 1 & 0 & 0 & 0 \\ 0 & 0 & 0 & 1 \\ 0 & 0 & 1 & 0 \\ 0 & 1 & 0 & 0 \end{pmatrix}$$

练习

计算 f_3 函数所对应的谕示的矩阵描述。结果应当如下：

$$\begin{pmatrix} 0 & 0 & 1 & 0 \\ 0 & 1 & 0 & 0 \\ 1 & 0 & 0 & 0 \\ 0 & 0 & 0 & 1 \end{pmatrix}$$

9.6 多伊奇算法

多伊奇算法只需求一次函数值就能知道未知函数是常数函数还是平衡函数。先从朴素方法开始，假设需要做的只是应用谕示和观测结果。

代码位于配套资源的 ch9/applyoracle 目录中，在解释算法之前，需要先关注创建不同谕示的代码。之前已经说过，创建谕示并非判断函数是否为平衡函数的算法的一部分。但在实践中，我们还是在同一个 Java 类文件中创建了这个谕示，但这里需要强调，不能混淆谕示的创建者（这个人可能知道问题的答案）和算法的创建者。

前面几节已经创建了 4 种谕示。本章最初提到的函数可以有无数种谕示与之对应，但它们都对应 9.5 节的 4 种逻辑门矩阵。算法将随机选择一种谕示，相关代码如清单 9.4 所示。

清单 9.4 创建谕示

调用此函数时，需要提供一个整数，代表要返回哪一个谕示

在所有情况中，结果都是 4×4 的复数矩阵

```
static Oracle createOracle(int f) {
    Complex[][] matrix = new Complex[4][4];
```

```
switch (f) {
    case 0:
        matrix[0][0] = Complex.ONE;
        matrix[1][1] = Complex.ONE;
        matrix[2][2] = Complex.ONE;
        matrix[3][3] = Complex.ONE;
        return new Oracle(matrix);
    case 1:
        matrix[0][0] = Complex.ONE;
        matrix[1][3] = Complex.ONE;
        matrix[2][2] = Complex.ONE;
        matrix[3][1] = Complex.ONE;
        return new Oracle(matrix);
    case 2:
        matrix[0][2] = Complex.ONE;
        matrix[1][1] = Complex.ONE;
        matrix[2][0] = Complex.ONE;
        matrix[3][3] = Complex.ONE;
        return new Oracle(matrix);
    case 3:
        matrix[0][2] = Complex.ONE;
        matrix[1][3] = Complex.ONE;
        matrix[2][0] = Complex.ONE;
        matrix[3][1] = Complex.ONE;
        return new Oracle(matrix);
    default:
        throw new IllegalArgumentException("Wrong index in oracle");
    }
}
```

若参数为 0，则返回对应于 f_1 的矩阵的谕示

若参数为 1，则返回对应于 f_2 的矩阵的谕示

若参数为 2，则返回对应于 f_3 的矩阵的谕示

若参数为 3，则返回对应于 f_4 的矩阵的谕示

如果代码运行到此，则说明参数值有误，抛出异常

上述代码可以根据我们提供的值返回谕示，接下来将聚焦于检测谕示对应的是常数函数还是平衡函数的算法。

从朴素算法开始。我们将谕示应用于两个初值为 0 的量子位，希望结果 100%确定地表明待求函数是否为平衡函数。

清单 9.5   应用谕示

函数名为 try00，是因为它将谕示用于两个初值为 $|0\rangle$ 的量子位

```
static void try00() {
    QuantumExecutionEnvironment simulator =
```

```
                    new SimpleQuantumExecutionEnvironment();
        Program program = null;
        for (int choice = 0; choice < 4; choice++) {
            program = new Program(2);

            Step oracleStep = new Step();
            Oracle oracle = createOracle(choice);
            oracleStep.addGate(oracle);
            program.addStep(oracleStep);

            Result result = simulator.runProgram(program);
            Qubit[] qubits = result.getQubits();

            boolean constant =
                    (choice == 0) || (choice == 3);

            System.err.println((constant ? "C" : "B") +
                ", measured = |" + qubits[1].measure() +
                " , " + qubits[0].measure()+">");
        }
    }
```

右侧注释：

在 4 种可能的谕示中迭代

创建含两个量子位的量子程序

根据循环变量的"选择"，创建对应的谕示，并加入程序

运行程序，获得结果

根据循环变量的"选择"，可以知道谕示对应的是平衡函数还是常数函数。将这个信息和两个量子位的观测结果一同输出

应用程序的运行结果如下：

```
C, measured = |00>
B, measured = |00>
B, measured = |10>
C, measured = |10>
```

由于没有使用叠加态，因此结果始终不变。

接着分析这些结果。能得到的观测结果有两种可能：$|00\rangle$ 或 $|10\rangle$。但很遗憾，这个结果不足以判断这个函数是常数函数（显示为 C）还是平衡函数（显示为 B）。例如，如果观测值为 $|00\rangle$，则函数可能是 f_1，也可能是 f_2，但第 1 个函数是常数函数，第 2 个函数是平衡函数，因此我们没有得出问题的答案。

可以再运行一次应用程序，但这次用泡利 X 门将其中一个量子位翻转为 $|1\rangle$ 状态。该代码位于同一个文件中，作为练习，你可以尝试自行编写这个程序。

这样，就可以得到这个简单程序的 4 种版本，每种版本对应 2 个量子位的一种初值。结果如下所示：

```
Use |00> as input
C, measured = |00>
```

```
B, measured = |00>
B, measured = |10>
C, measured = |10>

Use |01> as input
C, measured = |01>
B, measured = |11>
B, measured = |01>
C, measured = |11>

Use |10> as input
C, measured = |10>
B, measured = |10>
B, measured = |00>
C, measured = |00>

Use |11> as input
C, measured = |11>
B, measured = |01>
B, measured = |11>
C, measured = |01>
```

分析这一结果，你会发现这 4 种版本都不能借助一次观测来判断谕示对应的是常数函数还是平衡函数。

但是到目前为止，我们还没有用到强大的叠加态，下面就要运用一下。在编写算法的代码之前，图 9.15 展示了可以得出结果的量子电路。

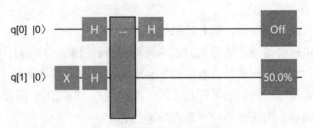

图 9.15　多伊奇算法的量子电路

我们从 2 个量子位开始，求第 1 个量子位 q[0] 的函数值。这里并不会用状态 $|0\rangle$ 和 $|1\rangle$ 求 2 次函数值，而是用阿达玛门使其进入叠加态。可以认为这一步骤能让我们一次求出 2 个可能的函数值。

第 2 个量子位 q[1] 的初始值也是 $|0\rangle$，首先用泡利 X 门将其反转为 $|1\rangle$，然后应用阿达玛门。再将这 2 个量子位作为谕示的输入，最后丢弃第 2 个量子位，而对第 1 个量子位应用阿达玛门，并进行观测。

现在我们得到了这一算法的重要结论,这一结论可在数学上予以证明:若观测值为 0,则谕示对应的函数一定是平衡函数;若观测值为 1,则谕示对应的函数一定是常数函数。

如果你对其背后的数学原理感兴趣,可以从数学上证明在电路之后第 1 个量子位观测值为 0 的概率为

$$\left(\frac{1}{2}\left((-1)^{f(0)}+(-1)^{f(1)}\right)\right)^2$$

若 f 为常数函数,其值一定为 1;若 f 为平衡函数,其值一定为 0。

在此不给出证明,而是编写代码并针对 4 种函数分别运行,以检验上述结论是否正确。算法最有趣的一点是使第 1 个量子位的观测结果取决于各种情况下的函数值。我们无须观测所有函数值,这也不是问题本身所要求的。问题的目标只是判断这是一个平衡函数还是常数函数。

下列代码取自配套资源的 ch09/deutsch 目录,实现了这一算法:

```
QuantumExecutionEnvironment simulator =
            new SimpleQuantumExecutionEnvironment();
    Random random = new Random();
    Program program = null;
    for (int i = 0; i < 10; i++) {          ← 循环 10 次,每次随机选择一个谕示
        program = new Program(2);                      创建含 2 个量子位的程序
        Step step0 = new Step();
        step0.addGate(new X(1));            ← 在第 1 个步骤中,对第 2 个量子位应用泡利 X 门

        Step step1 = new Step();
        step1.addGate(new Hadamard(0));     ← 在第 2 个步骤中对 2 个量子位应用阿达玛门
        step1.addGate(new Hadamard(1));

        Step step2 = new Step();            将谕示加入量子电路
        int choice = random.nextInt(4);
        Oracle oracle = createOracle(choice);  ← (从预先定义的列表中)随机选择一个谕示
        step2.addGate(oracle);

        Step step3 = new Step();
        step3.addGate(new Hadamard(0));     ← 对第 1 个量子位再应用一个阿达玛门

        program.addStep(step0);             ← 将上述步骤加入程序
        program.addStep(step1);

        program.addStep(step2);             执行量子程序
        program.addStep(step3);
        Result result = simulator.runProgram(program);
```

```
        Qubit[] qubits = result.getQubits();
        System.err.println("f = " + (choice+1) +
            ", val = " + qubits[0].measure());
    }
```

观测第 1 个量子位, 基于观测值判断谕示对应的是常数函数还是平衡函数

运行上述程序, 输出将类似于下面的结果:

```
f = 3, val = 1
f = 3, val = 1
f = 3, val = 1
f = 1, val = 0
f = 4, val = 0
f = 4, val = 0
f = 2, val = 1
f = 1, val = 0
f = 2, val = 1
f = 4, val = 0
```

输出的每一行, 都列出了方程的形式 (f_1、f_2、f_3、f_4) 和第 1 个量子位的观测值。可以看出, 结果为 1 的函数一定是 f_2 或 f_3 (平衡函数), 而结果为 0 的函数一定是 f_1 或 f_4 (常数函数)。

9.7　多伊奇-约萨算法

多伊奇算法说明, 上述用经典方法需要求两次函数值的问题, 用量子方法只需要一次求值。虽然这听起来有点令人失望, 但这个原理是很有希望的。多伊奇算法可以容易地扩展为多伊奇-约萨算法, 这个算法的输入函数并非作用于一个布尔值, 而是 n 个布尔值。在这种情况下, 函数可表达为

$$f(x_0, x_1, \cdots, x_{n-1})$$

这表明函数用 n 个值为 0 或 1 的位作为输入。我们给定一个函数, 且仍然需要确定它是常数函数 (即一定返回 0 或一定返回 1) 还是平衡函数 (在一半的情况下返回 0, 另一半的情况返回 1)。

多伊奇算法是上述情形在 $n=1$ 时的特例, 它只有两种可能的输入。而如果 $n=2$, 则会有 4 种输入情形。通常, 对于 n 个位的输入, 会有 2^n 种情形。

为了百分百确定函数是常数函数还是平衡函数, 用经典方法需要几次函数求值呢? 假设我们求出一半的情形 ($2^n/2$, 即 2^{n-1} 种)。如果其中至少有一个结果是 0, 也至少有一个结果是 1, 就可以得知这个函数不是常数函数, 而是平衡函数。但如果恰巧得到所有的结果都是 1 呢? 这种情况下, 似乎函数是常数函数。但还需要再进行一次求值, 因为仍有可能其

他的函数值都是 0。要想百分百确定，对于 n 个位的输入，就需要(2^{n-1}+1)次求值。

但是利用类似于多伊奇算法的电路，只需要进行一次函数求值。其重要意义在于它展示了量子算法对于解决经典方法需要指数复杂度的问题是很有用的。

多伊奇-约萨算法与多伊奇算法很相似，代码位于配套资源的 ch/deutschjozsa 目录中，相关片段如下：

```
static final int N = 3;
...

    QuantumExecutionEnvironment simulator =
            new SimpleQuantumExecutionEnvironment();
    Random random = new Random();
    Program program = null;
    for (int i = 0; i < 10; i++) {
        program = new Program(N+1);
        Step step0 = new Step();
        step0.addGate(new X(N));

        Step step1 = new Step();
        for (int j = 0; j < N+1; j++) {
            step1.addGate(new Hadamard(j));
        }

        Step step2 = new Step();
        int choice = random.nextInt(2);
        Oracle oracle = createOracle(choice);
        step2.addGate(oracle);

        Step step3 = new Step();
        for (int j = 0; j < N; j++) {
            step3.addGate(new Hadamard(j));
        }

        program.addStep(step0);
        program.addStep(step1);
        program.addStep(step2);
        program.addStep(step3);
        Result result = simulator.runProgram(program);
        Qubit[] qubits = result.getQubits();
        System.err.println("f = " + choice + ", val = "
            + qubits[0].measure());
    }
```

定义输入的位数（此例为 3）

创建含(N+1)个量子位的程序。需要 N 个量子位作为输入，以及一个辅助量子位

对辅助量子位应用泡利 X 门

对所有量子位应用阿达玛门，使其进入叠加态

将谕示加入电路

对所有输入量子位应用阿达玛门（辅助量子位不用）

运行程序并对第 1 个量子位的结果进行观测

练习

　　证明当 N 取 1 时，多伊奇-约萨算法就是多伊奇算法。

　　若有 3 个输入量子位，则算法的电路如图 9.16 所示。应用电路后，仍然可以证明第 1 个量子位的观测值为 0 的概率如下式：

$$\left(\frac{1}{2^n}\sum_{x=0}^{2^n-1}(-1)^{f(x)}\right)^2$$

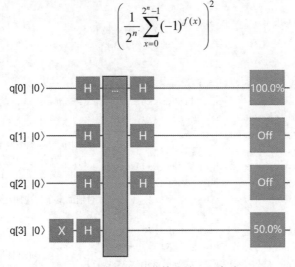

图 9.16　多伊奇-约萨算法的量子电路

　　与多伊奇算法类似，若 $f(x)$ 是常数函数，则上式说明第 1 个量子位观测值为 0 的概率是 100%。而如果 $f(x)$ 是平衡函数，则第 1 个量子位的观测值一定为 1（因为观测值为 0 的概率是 0）。

　　示例中的代码从预先定义的 2 个谕示中任选其一，第 1 个谕示对应全同门，表示返回值一定为 0 的常数函数。第 2 个谕示对应于受控非门，当最后一个量子位为 1 时则翻转辅助量子位。

　　再次说明，我们的目标并不是创建这些谕示，可以假设这些谕示是别人提供的。我们需要做的是判断它对应的是常数函数还是平衡函数。

9.8　结论

　　本章实现了多伊奇-约萨算法。虽然这个算法没有直接的应用场景，但你已经抵达了一个新的里程碑。你第一次在本书中创建了一个能比经典算法快得多的量子算法。这种加速只能在使用真正量子计算机时才能观测得到，但你创建的算法清晰地说明，一些问题进行一次函数求值就能解决，而用经典方法则需要指数级次求值。

　　量子计算中非常重要而又非常困难的两个环节是：

■ 想出一种如本章所述的量子算法，且可以证明其要比经典算法更快；

■ 找到这种算法的实际应用。

在第 10 章，我们就要介绍两个符合上述要求的算法。

本章小结

■ 一些问题不算出最终结果也能给出答案。

■ 函数求值和函数性质存在差异。

■ 经典算法可以区分平衡函数和常数函数，但需要多次函数求值。

■ 量子谕示是与经典黑箱函数类似的黑箱。

■ 利用多伊奇-约萨算法，可以判断给定的谕示对应的是常数函数还是平衡函数。

第 10 章　格罗弗搜索算法

本章回答开发者提出的以下两个重要问题。

■　什么时候应该使用格罗弗搜索算法?
■　这个算法是如何工作的?

格罗弗搜索算法(Grover's search algorithm)是最知名的量子算法之一。尽管叫搜索算法,但它并不能替代当今经典软件项目中的搜索算法。本章会解释何种问题能从格罗弗搜索算法中受益。读完本章后,我们就能知晓我们接触的应用程序是否可以使用这一算法。如果可以,我们就能通过 Strange 中提供的经典 API 运用格罗弗算法。

10.1　还需要一个新的搜索架构吗?

目前已有许多出色的库、协议和技术支持搜索结构化与非结构化数据系统。但格罗弗搜索算法并不与这些技术形成竞争关系。

10.1.1　传统搜索架构

搜索数据库是计算机的常见任务。许多信息技术应用的架构都是如图 10.1 所示的三层模型。

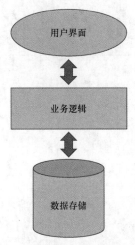

图 10.1　经典应用程序的典型三层架构

此种方式的三个层次分别为：

- 用户界面（或展示层）负责交互、请求输入、渲染输出。一般是桌面应用程序、移动应用程序或网页，也可以是 API；
- 中间层负责业务逻辑、规则和处理。这一层处理来自展示层的请求，可能需要访问数据以处理这些请求；
- 数据层确保所有数据都能存储和提取。通常，这些数据通过 API 暴露给开发者，以便利用不同的准则高效地搜索或修改。

在许多情形下，中间层需要基于特定的要求，从数据层寻找特定的数据。许多应用程序的质量和性能强烈地依赖于这些查询能否灵活、可靠、高效地进行。因此数据存储与提取是当今 IT 产业的重要领域。

存储和提取数据的方法有很多，而且这一领域还在不断发展。有许多关系型和非关系型数据库，可通过 SQL 和 NoSQL 方式实现。量子计算和格罗弗搜索算法并不是一种新的存储与提取数据的架构。

警告：虽然格罗弗搜索算法其名看似好像与搜索技术有关，但它并不涉及我们平常讨论搜索架构时的考虑因素。

因此，格罗弗搜索算法并不是现有搜索软件的替代品。但它可以在现有或将来实现搜索功能的库和项目中发挥作用，这一算法可用于不同的数据库技术。

10.1.2　什么是格罗弗搜索算法？

前文讨论了格罗弗搜索算法不是什么，下面解释一下它是什么。此处先进行简单解释，后续章节将更清晰地展示搜索应用程序与格罗弗算法的关系。

假设有一个黑箱，它以一个整数作为输入，且除了输入一个特定值（记为 w）时输出为 1 外，其余所有情况都输出 0。格罗弗搜索算法可以让我们高效地找到这个特定的输入值。

黑箱的概念如图 10.2 所示。这个黑箱将以某种方式检查输入是否等于 w，如果是则返回 1，否则返回 0。需要注意我们并不知道这个黑箱内部是如何工作的，它可能包含了一个很简单或者很复杂的算法。这里不妨假设某人创建了这个黑箱并将其交给我们。毕竟，如果我们就是黑箱的创建者，那就不需要再写一个算法去寻找 w 的值了，因为创建黑箱的时候就已经知道了。

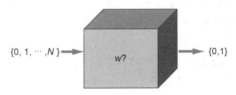

图 10.2　基于输入整数返回 0 或 1 的黑箱

这个黑箱以某种方式包含了关于 w 的信息，如果巧妙地进行查询，格罗弗算法就能找到这个值。格罗弗搜索算法的输入并不是一个数、一个搜索语句、一个 SQL 命令，而是我们刚刚讨论的黑箱，如图 10.3 所示。

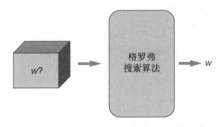

图 10.3　格罗弗搜索算法以一个黑箱作为输入，并返回使这个黑箱的输出为 1 的 w 值

接下来将讨论格罗弗算法如何解决传统搜索问题。我们从一个经典搜索问题开始，逐步了解格罗弗搜索算法。

10.2　经典搜索问题

许多企业级 IT 应用都需要多个表格形式的数据库。作为示例，我们创建了如表 10.1 所示的数据，存储每个人的年龄和居住国。

人名	年龄	居住国
Alice	42	尼日利亚
Bob	36	澳大利亚
Eve	85	美国
Niels	18	希腊
Albert	29	墨西哥
Roger	29	比利时
Marie	15	俄罗斯
Janice	52	中国

表 10.1 本示例使用的表格数据

搜索应用可利用这些数据回答很多问题，举例如下。

- 36 岁且居住在澳大利亚的是谁？
- 有几个人住在俄罗斯？
- 有没有名为 Joe 且住在希腊的人？
- 哪些人的年龄大于 34 岁？

接下来创建一个应用程序，回答这个问题：找到 29 岁且住在墨西哥的人。根据表 10.1，可知答案是 Albert。

注意： 这个问题的 SQL 语句可写成 SELECT * FROM PERSON WHERE PERSON.AGE= 29 AND PERSON.COUNTRY=MEXICO。不过，接下来要处理 Java 代码而非 SQL 查询，因为这样可以让我们逐渐理解格罗弗搜索算法背后的思路。

我们首先用经典方法解决这一问题，然后重构这一问题，以便用更接近于格罗弗算法的函数方法解决，最后用格罗弗搜索算法实现这一搜索。上述步骤的心智模型如图 10.4 所示。

图 10.4　从 SQL 搜索到量子搜索

10.2.1　通用的准备工作

下列示例共用一些代码，我们不会在每个示例中都重复这些代码。本节先行讨论这个公共部分，以便在后续章节聚焦于搜索算法本身。

Person 类

在编写搜索函数之前，需要定义讨论的数据。表中每一行都表示一个人，所以可创建一个名为 Person 的 Java 类，如清单 10.1 所示。代码位于配套资源的 ch10/classicsearch 目录中。

清单 10.1　定义 Person

```
public class Person {

    private final String name;          人名
    private final int age;              年龄
    private final String country;       居住国

    public Person(String name, int age, String cntry) {   创建对象时，需要
        this.name = name;                                 定义这三个属性
        this.age = age;
        this.country = cntry;
    }
                                        返回人名的
    public String getName() {           方法
        return this.name;
    }
                                        返回年龄的
    public int getAge() {               方法
        return this.age;
    }

    public String getCountry() {        返回居住国的
        return this.country;            方法
    }
}
```

我们会在后续示例中使用这个 Person 类。

创建数据库

Java 中有许多高效访问数据库的库，但本例只使用一个非常简单的数据库。所有 Person 类的示例都储存于简单的 Java List 对象中，因为这是 Java 平台的标准类，且我们希望避免引入与理解量子计算无关的依赖项。前面已经提到，格罗弗搜索算法并不会创建一个新的经典数据库，解释算法也不应依赖于某种特定的数据库。

清单 10.2 中的代码片段实现了我们的数据库：只用向列表中加入一些 Person 实例作为数据存储。此代码位于配套资源的 ch10/classicsearch 目录中。

清单 10.2 创建数据库

```java
List<Person> prepareDatabase() {
        List<Person> persons = new LinkedList<>();
        persons.add(new Person("Alice", 42, "Nigeria"));
        persons.add(new Person("Bob", 36, "Australia"));
        persons.add(new Person("Eve", 85, "USA"));
        persons.add(new Person("Niels", 18, "Greece"));
        persons.add(new Person("Albert", 29, "Mexico"));
        persons.add(new Person("Roger", 29, "Belgium"));
        persons.add(new Person("Marie", 15, "Russia"));
        persons.add(new Person("Janice", 52, "China"));
        return persons;
    }
```

我们会在所有示例中使用这个方法。调用这个方法时，就会得到对应于表 10.1 的 Person 实例的列表。

10.2.2 搜索列表

下面用传统方法编写从数据存储中搜索问题答案的代码："找到 29 岁且住在墨西哥的人"。在给定问题的候选人物列表后，通过下列代码（出自配套资源的 ch10/classicsearch 目录中的 Main.java 文件）迭代所有记录，直至找到符合条件的记录：

```java
Person findPersonByAgeAndCountry(List<Person> persons,
                          int age, String country) {

    boolean found = false;     ◄──┤ 标示是否找到答案的布尔变量

    int idx = 0;   ◄──── 标示正在判断的元素的位置

    while (!found && (idx<persons.size())) {   ◄──  如果没有找到答案，且索引小
                                                    于元素总数，就继续循环

        Person target = persons.get(idx++);    ◄── 获得列表中的相应元素

                                                    检查元素的性质（年
                                                    龄、居住国）
        if ((target.getAge() == age) &&   ◄──
            (target.getCountry().equals(country))) {
            found = true;     ◄──
        }                            如果性质满足要求，就把布尔变量的值
    }                                设为 true，循环无须继续
```

```
System.out.println("Got result in "+idx+" tries");      ◁ ─── 输出函数求值
                                                                的次数
return persons.get(idx-1);    ◁ ─── 将结果返回给
}                                    调用者
```

注意：你如果熟悉 Java Stream API，就会注意到用它也可以实现同样的功能。请继续阅读，10.2.3 小节会进行解释。在这个示例中，函数方法更容易解释，其能让我们知道进行了几次函数求值。

如果任务列表包含答案，则这个函数保证可以返回正确结果。如果我们很幸运，列表中的第 1 个人就是答案，则只需要执行一次 while 循环体就能得到答案。而如果运气不佳，列表中的最后一个人才是答案，则需要求 n 次函数值，其中 n 表示列表中的元素数量。平均而言，这个算法需要 $n/2$ 次函数求值才能返回正确结果。

运行 classicsearch 应用程序的 main 方法 10 次，每次都会输出函数求值的次数。下列代码片段列出了实现这一功能的 findPersonByAgeAndCountry 方法。

```
void complexSearch() {
    for (int i = 0; i < 10; i++) {
        List<Person> persons = prepareDatabase();
        Collections.shuffle(persons);
        Person target = findPersonByAgeAndCountry(persons, 29, "Mexico");
        System.out.println("Result of complex search= " + target.getName());
    }
}
```

注意在查询之前，我们打乱了列表的顺序，因此结果是随机的。运行应用程序，结果与下列输出类似：

```
Got result after 8 tries
Result of complex search = Albert
Got result after 1 tries
Result of complex search = Albert
Got result after 2 tries
Result of complex search = Albert
Got result after 3 tries
Result of complex search = Albert
Got result after 5 tries
Result of complex search = Albert
Got result after 7 tries
Result of complex search = Albert
Got result after 2 tries
Result of complex search = Albert
Got result after 1 tries
```

```
Result of complex search = Albert
Got result after 2 tries
Result of complex search = Albert
Got result after 5 tries
Result of complex search = Albert
```

10.2.3　利用函数搜索

上述示例代码非常灵活，可以轻松地修改 findPersonByAgeAndCountry 中的年龄或居住国的搜索条件。但这并不是格罗弗搜索算法的工作方式。利用格罗弗算法，我们不提供搜索参数。只需要提供一个函数，就可以使得仅有 1 个输入的输出是 1，而其余输入的输出都是 0。

本章通常用变量 w 标示使函数值为 1 的输入，也就是说我们要寻找的值就是 w。可以定义如下：

$$\begin{cases} f(w) = 1 \\ f(x) = 0, x \neq w \end{cases}$$

本节将前面的经典示例修改为利用函数的方法，以便过渡到 10.3 节的量子算法。

接下来再一次检索，但此次并非逐一判断每个记录的属性，而是对其应用一个函数。如果这个函数返回值为 1，则表明得到了正确的记录。

利用 Java Function API 来实现这个目标。因为函数返回值一定是整数（0 或 1），所以可以使用 ToIntFunction。首先创建这个函数，如清单 10.3 所示。

清单 10.3　创建函数

如果此人的年龄为 29，居住国为墨西哥，则函数返回 1，其余情况返回 0

创建 ToIntFunction 的函数，以一个 Person 实例作为输入，返回一个整数

```
ToIntFunction<Person> f29Mexico
    = (Person p) ->
        ((p.getAge() == 29) &&
        (p.getCountry().equals("Mexico"))) ? 1 : 0;
```

应用函数时，参数 p 存储了对应的人

注意：这是专用于特定问题的函数。如果想检索 36 岁的人，就需要创建一个新的函数。

现在这个函数已创建，接下来编写代码遍历列表中的所有人，并应用这个函数，直至返回值为 1，这表示已找到正确答案。代码如下：

```
Person findPersonByFunction(List<Person> persons,
            ToIntFunction<Person> function) {
```

```
boolean found = false;
int idx = 0;
while (!found && (idx<persons.size())) {
    Person target = persons.get(idx++);
    if (function.applyAsInt(target) == 1) {
        found = true;
    }
}
System.out.println("Got result in "+idx+" tries");
return persons.get(idx-1);
}
```

不再像上一个示例一样检查所有的属性,而是应用这个函数。如果返回值为 1,则 target 就是正确答案

虽然具体方法不同,但算法所需的时间和前一个示例相当。仍旧遍历了列表中的每个人,检查其年龄和居住国是否符合搜索条件。

但第 2 种方法更接近于 10.3 节要介绍的量子方法。我们提供一个函数而不是若干参数。搜索算法并不创建函数,而是调用函数。两种方法的区别如图 10.5 所示。

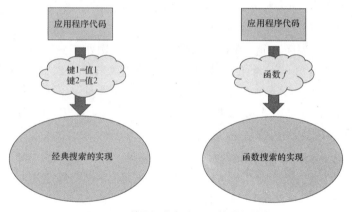

图 10.5　利用经典方法和函数进行搜索

注意图中的函数搜索的实现仍旧采用了经典代码,但离量子计算机上的格罗弗搜索算法更近了一步。

注意:前面章节已提到,可以用 Java Stream API 重写搜索方法,使其更具有函数特点,但最终结果与前面展示的相同。

可以使用 Java Stream API,以避免在所有候选人中循环(或者循环至找到匹配的对象为止)。如下列代码片段所示:

在流的所有人中依次筛选使给定函数返回值为 1 的记录

```
Person findPersonByAgeAndCountry(List<Person> persons,
            Function<Person> function) {
    return persons.stream()
            .filter(p -> function.applyAsInt(p) ==1 )
```

利用 Java Stream API 创建所有人的流,以便在下面的代码中使用

```
    .findFirst().get();  ◁——
}
```

若多个候选人符合条件，
则选择第 1 个并返回

上述代码片段利用了 Java 8 引入的 Stream API 对可能的选项进行筛选，返回唯一符合年龄和居住国条件的记录。网上有许多讨论 Java Stream API 的资源，本书不再深入讨论。

10.3　量子搜索：利用格罗弗搜索算法

格罗弗搜索算法与 10.2.3 小节的基于函数的搜索有一些相似之处。如果有一个黑箱（或谕示）对应前面所述的函数，则格罗弗搜索算法可在约为 $\sqrt{n}$ 步之内，找到使函数返回值为 1 的唯一输入 w，每一步分别需要一次谕示求值。

注意：换言之，经典算法平均需要 $n/2$ 次求值，而格罗弗算法只需约 $\sqrt{n}$ 次求值，就能实现同样的目标。

对于较小的列表，这没什么特别的意义。如果列表只有 8 个元素，经典方法平均需要 4 次求值，而量子算法也需要大约 3 次求值。然而随着列表元素数量的增多，这个优势会越来越明显。如果列表有 100 万个元素，那么经典方法平均需要 50 万次求值，最坏的情况则需要 100 万次求值。而用量子方法只需要 1000 次求值就能得到相同的结果。

注意：格罗弗搜索算法需要预定义函数求值的次数，后面将说明这个值是 $\sqrt{n}$。与经典算法不同，这种方法并没有最好和最坏情况的区分。我们在量子方法中只进行一次观测。如果在最优次数之前偷看，一旦结果不对，量子计算将无法继续。因此量子方法的求值次数是固定的。

经典搜索与格罗弗算法的量子搜索的直观对比如图 10.6 所示。其中只展示了元素数量不超过 100 个的对比情况。可以看到，列表的元素个数越多，差距就越明显。因此格罗弗搜索算法很明显更适用于元素数量非常多的列表。

平方加速（quadratic speedup）

人们常说格罗弗算法与经典搜索算法相比实现了平方加速。这是对的，因为对于给定的求值次数（例如 N 次），格罗弗算法可以应对含 N^2 个元素的列表，而经典算法只能处理含 N 个元素的列表。

本章最后会解释格罗弗搜索算法的原理。对于开发者而言，与算法的原理相比，理解什么情况适于应用这个算法通常更加重要。因此，先来解释如何运用 Strange 内置的格罗弗函数，暂且隐藏内部的细节。

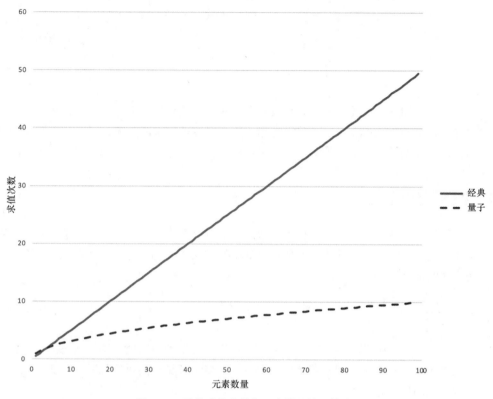

图 10.6　函数求值次数与元素数量的函数关系

Strange 量子库包含一个经典方法，其底层使用了格罗弗搜索算法进行搜索操作。这个经典方法的声明与前面讨论的示例的声明类似：

```
public static<T> T search(List<T> list, Function<T, Integer> function);
```

这一方法以两个参数作为输入：

- 元素类型为 T 的列表，其中 T 可以是 Person，也可以是其他任何 Java 类；
- 以类型为 T 的元素为输入的函数，返回值为 1（如果输入恰为要寻找的对象）或 0（其余情况）。

下列代码片段位于配套资源的 ch10/quantumsearch 目录中，展示了如何使用这个方法：

```
void quantumSearch() {
    Function<Person, Integer> f29Mexico    ◁──── 创建与前面示例相似的函数
        = (Person p) -> ((p.getAge() == 29) &&
        (p.getCountry().equals("Mexico"))) ? 1 : 0;
    List<Person> persons = prepareDatabase();    ◁──── 再次初始化数据库
```

```
Collections.shuffle(persons);                          ← 打乱数据库中元素的顺序
Person target = Classic.search(persons, f29Mexico);    ←
System.out.println("Result of function Search = "      ←   调用包含格罗
    + target.getName());                                   弗搜索的方法
}                                                      输出结果
```

需要强调的是，我们提供的函数是在算法之外创建的。在上例中，Classic.search 方法并不知道函数 f29Mexico 的任何内部信息。算法可以求函数值，但这个函数对于算法而言是一个黑箱。

10.4   概率与幅值

在解释格罗弗算法为何能得到所求结果之前，需要讨论概率与量子系统实际状态的关系。我们会解释描述量子系统某一时刻状态的状态向量，与某一结果观测概率的概率向量之间的区别。

10.4.1   概率

本书一直在强调概率。在应用量子电路后，可得到一些处于不同状态的量子位。概率向量表述了我们观测到某特定值的概率。许多量子算法的目标都是操作概率向量，使观测结果与原问题相关。

在格罗弗搜索算法中，如果想在含不超过 2^n 个元素的列表中搜索，就需要 n 个量子位。例如，如果列表有 128 个元素，就需要 7 个量子位；而如果列表有 130 个元素，则需要 8 个量子位。在应用格罗弗算法之后，可以得到一组量子位，其观测结果即为寻找的元素在列表中的位置。列表元素不超过 64 个的情况如图 10.7 所示。

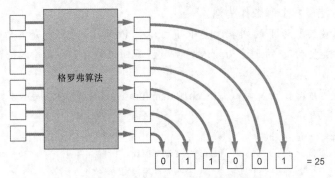

图 10.7   格罗弗搜索算法结果概览

假设要搜索的元素索引为 25。最初，所有量子位的值均为 0；在应用格罗弗算法后，对量子位进行观测，期望的观测结果很可能是 0、1、1、0、0、1，这就是 25 的二进制表示。

利用 6 个量子位，可有 $2^6 = 64$ 种可能的结果。因此概率向量中有 64 个元素。格罗弗算法的目标是使第 25 个元素的值最大化，其余元素的值最小化。我们将说明在大多数情况下，能得到正确概率向量的几率很高，但并非 100%。

格罗弗搜索算法包含若干步骤，我们将展示在每一步骤之后，得到正确答案的概率都会提高。

概率可用数值或横条图表示。概率为 1 表示观测一定能得到该结果，其对应横条图上填满的横条。概率为 0 表示观测一定得不到该结果，其对应横条图上空白的横条。若概率在 0 到 1 之间则对应横条图上部分填充的横条。

如果系统含有 3 个量子位，就会有 8 种可能的结果。图 10.8 用数值和横条图展示了系统的两种概率集，注意所有情况的概率之和为 1。

图 10.8　用向量和横条图表示概率

10.4.2　幅值

概率向量中的概率是非负实数。前文有意地隐藏了量子位和概率向量之间关系的内部细节，而要理解格罗弗搜索算法，我们最好了解一下这些概率下面隐藏的事实。我们不会深入研究其数学和物理原理，但会解释为什么理解概率并非事情的全貌是很重要的。

状态向量中的值其实是复数。复数 c 包含实部和虚部，例如 $c = a + bi$ 中，i 为虚数单位，定义为 $i = \sqrt{-1}$。

在上式中，a 和 b 都是实数。

概率向量值包含了非负实数，如何从状态向量得到概率向量呢？概率向量中的数值，是状态向量中各个值的模的平方。

复数的模定义如下：

$$\mathrm{mod}(s) = \sqrt{a^2 + b^2}$$

这与勾股定理很相似，即直角三角形斜边的平方等于两直角边的平方和，如图 10.9 所示。这一定理常被描述为 $c^2 = a^2 + b^2$，若用图形表示，则 c 是正交向量 a 与 b 之和。

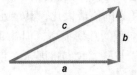

图 10.9　勾股定理及其与复数的模的关系

因此，若将概率记为 p，则上式可改写为 $p = a^2 + b^2$。

此时，a 与 b 均为实数，因此 p 一定为非负实数。只要知道 a 和 b 的值，就能轻松求出 p。但是给定 p，却有多个 a 和 b 的组合能得到相同的 p 值。即使是状态仅含实部的情形（即 $b = 0$），也有两组不同的 a 值能得到同一个 p。也就是说，a 和 $-a$ 所对应的概率相同：

$$a \times a = a^2 = p$$
$$(-a) \times (-a) = a^2 = p$$

状态向量和概率向量的差异如图 10.10 所示，图中展示了一个状态向量均为实数的简单例子。状态向量中有 4 个值为 0，3 个值为 0.5，1 个为 −0.5。而取这些值的平方，就得到右图的概率向量。在概率向量中，无法区分状态为 0.5 和 −0.5 的差异。

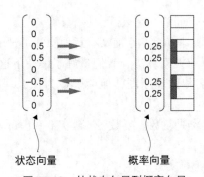

状态向量　　　概率向量

图 10.10　从状态向量到概率向量

注意：概率向量包含着观测到某一结果的几率。概率向量基于状态向量算出，但状态向量包含量子系统内部状态的更多信息。其内部状态对一些量子算法非常重要。

下面讨论格罗弗搜索算法的各个步骤。

10.5 格罗弗搜索背后的算法

Strange 中的 Classic.search 方法可以只用经典计算实现格罗弗搜索算法。这可以让开发者理解何种问题适用格罗弗搜索。

大多数开发者并不需要了解量子算法内部的工作原理，但对其有一定的基本了解仍有所裨益：

- 格罗弗搜索算法的输入不是经典函数，而是对应于这个经典函数的量子谕示。后续章节将讨论这个谕示。
- 理解格罗弗搜索算法如何运用量子计算的特征，可以帮助创建或理解其他量子算法。

下面几节将解释格罗弗搜索算法的各个部分，但省略其数学证明。

10.5.1 运行示例代码

配套资源的 ch10/grover 目录中的代码支持一步一步地运行格罗弗搜索算法。下面将使用这份代码解释这一算法。方法 doGrover 实现了这一算法，其声明如下：

```
private static void doGrover(int dim, int solution)
```

方法的第 1 个参数 dim 表示需要多少个量子位，第 2 个参数 solution 表示要搜索的元素的下标。请再次注意，在实际的情况下，我们不可能给出答案（即 solution），黑箱函数是其他人提供给我们的。但这段代码利用这个 solution 来建立黑箱。

示例的 main 方法非常短：

```
public static void main (String[] args) {
        doGrover(6,10);
}
```

我们只需调用 doGrover 方法，指定需要一个含 6 个量子位的系统（可以处理不超过 $2^6 = 64$ 个元素的列表），目标元素的下标为 10。运行示例程序，下面的量子电路展示了算法的各个步骤，以及每个步骤之后的概率向量，如图 10.11 所示。

稍后再解释这个电路和可视化图像，首先看一下结果。图右侧展示了算法运行后的量子位，其中第 1 个和第 3 个量子位（记为 q[1] 和 q[3]）观测值为 1 的概率很高（99.8%），而其余量子位观测值为 1 的概率很低（0.2%）。因此，观测得到下面结果的概率很高：

```
0 0 1 0 1 0
```

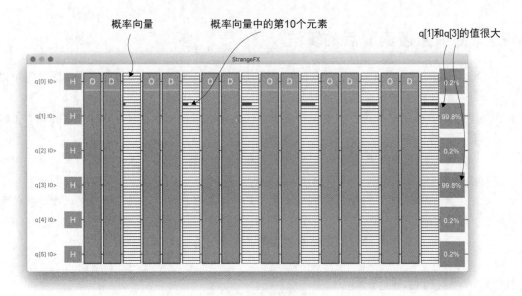

图 10.11　运行格罗弗程序示例

注意这一量子位序列从左到右，是按从高位（q[5]）到低位（q[0]）排列的。将这一二进制序列转换为十进制数，只需将量子位为 1 的数位乘以 2 的幂再求和。001010 即：

$$0\times 2^5 + 0\times 2^4 + 1\times 2^3 + 0\times 2^2 + 1\times 2^1 + 0\times 2^0 = 8 + 2 = 10$$

这是数字 10 的二进制表示，因此格罗弗搜索算法正确返回了我们要寻找的元素下标。

从图 10.11 中可以明显看出，这一量子算法包含了一个重复多次运行的步骤，流程图如图 10.12 所示。

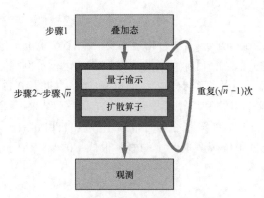

图 10.12　格罗弗搜索算法的流程

该步骤每次调用都应用一次量子谕示（记为 O）和一个扩散算子（diffusion operator，记为 D）。其中量子谕示与我们给定的函数相关，后面将解释这个量子谕示和扩散算子。

每调用一次该步骤，概率向量就更新一次。第 1 个步骤向所有量子位应用阿达玛门，所有选项的概率都相同。但在第 2 个步骤之后，所有选项的概率都很低（虽然第 10 个元素的概率相对较高）。因此，如果在第一个步骤后进行观测，则得到正确答案 10 的概率并不高，而很有可能观测到其他结果。

但是每个步骤之后，观测得到 10 的概率都会提高，在最后一步之后，这一概率已高达 99.8%。

配套资源的 ch10/stepbystepgrover 目录中的示例与前面的示例类似，但列表只有 4 个元素，因此只需 2 个量子位。这使得解释更容易，下面的章节也会运用这个示例。注意，我们还在这个示例中增加了更多的概率可视化，每个步骤之后都会渲染一次概率向量，结果如图 10.13 所示。

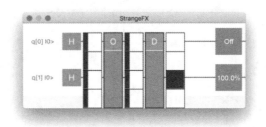

图 10.13 运行仅含两个量子位的格罗弗示例程序

10.5.2 叠加态

格罗弗算法的第 1 步是使所有量子位进入叠加态。这是量子算法的常用手段，因为这使得不同的用例处理可以同时进行。

在我们的两个量子位的示例中，初始状态均为 $|0\rangle$，因此初始状态向量可描述为

$$\begin{bmatrix} 1 \\ 0 \\ 0 \\ 0 \end{bmatrix}$$

概率向量是状态向量中的相关元素取平方，而 1 的平方就是 1，0 的平方就是 0，因此这里的概率向量和状态向量看起来是一样的。向量的第 1 个元素对应这两个量子位的观测结果为 $|00\rangle$ 的情况，也就是初始状态。

而对每个量子位应用阿达玛门后，状态向量变为

$$\begin{bmatrix} \dfrac{1}{2} \\[2mm] \dfrac{1}{2} \\[2mm] \dfrac{1}{2} \\[2mm] \dfrac{1}{2} \end{bmatrix}$$

向量中每个元素的幅值均为 1/2，即 0.5。在对应的概率向量中，每个元素均为 1/2 的平方，即 1/4 或 0.25。因此应用阿达玛门后，概率向量可写为

$$\begin{bmatrix} \dfrac{1}{4} \\[2mm] \dfrac{1}{4} \\[2mm] \dfrac{1}{4} \\[2mm] \dfrac{1}{4} \end{bmatrix}$$

提示：状态向量展示了幅值，而概率向量展示了概率。对于实数而言，概率就是幅值的平方。上述概率结果展示如图 10.14 所示。

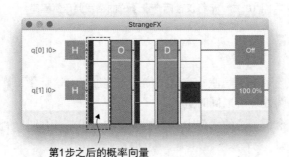

第1步之后的概率向量

图 10.14　在第 1 步之后，所有概率都相等

10.5.3　量子谕示

格罗弗搜索算法的经典版本要求给定一个函数，这个函数除了输入某一特定值时会返回 1 之外，输入其他值时都会返回 0。我们已经学习过，格罗弗搜索算法将函数视为

一个黑箱，并不了解函数的内部实现，但这毕竟是一个经典函数。如果想真正利用量子算法，就需要一个与这个函数对应的量子谕示。

> **回顾多伊奇算法中的量子谕示**
>
> 　　这与你在多伊奇算法中学到的内容类似。在多伊奇算法中，处理常数函数或平衡函数，需要创建一个操作 2 个量子位的谕示，其中第 1 个量子位保持不变，而第 2 个量子位根据函数值进行设定。

图 10.15 示意性地表示了格罗弗搜索算法的经典版本和量子版本：在经典版本中，黑箱由经典函数实现。而在量子版本中，黑箱由量子谕示实现。很显然，这个黑箱表示的经典函数和量子谕示相互关联。

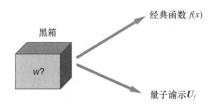

图 10.15　经典环境与量子环境中的黑箱

与经典函数 $f(x)$ 对应的量子谕示进行如下操作：对于任意不是 w 的值 $|x\rangle$，因为 $f(x)$ 是 0，所以返回 $|x\rangle$ 本身；而如果输入谕示的值就是 w，则返回 $-|x\rangle$。

举例说明。假设列表含 4 个元素，则需要 2 个量子位（因为 $2^2 = 4$）。我们想要找到的元素索引为 2。因此，需要向经典算法提供的函数定义为

$$f(0) = 0$$
$$f(1) = 0$$
$$f(2) = 1$$
$$f(3) = 0$$

与其对应的谕示可用矩阵定义为

$$\begin{pmatrix} 1 & 0 & 0 & 0 \\ 0 & 1 & 0 & 0 \\ 0 & 0 & -1 & 0 \\ 0 & 0 & 0 & 1 \end{pmatrix}$$

创建这一量子谕示的代码如下：

本方法创建一个谕示（即一个特殊的逻辑门），调用时需提供维度参数
（即需要几个量子位）和正确答案（即使经典函数返回 1 的值）

谕示用 N 维矩阵表示，例如用 3 个量子位，就需要 8×8 的矩阵

```
static Oracle createOracle(int dim, int solution) {
    int N = 1<<dim;
```

```
System.err.println("dim = "+dim+" hence N = "+N);
Complex[][] matrix = new Complex[N][N];
for (int i = 0; i < N;i++) {
    for (int j = 0 ; j < N; j++) {
        if (i != j) {
            matrix[i][j] = Complex.ZERO;
        } else {
            if (i == solution) {
                matrix[i][j] = Complex.ONE.mul(-1);
            } else {
                matrix[i][j] = Complex.ONE;
            }
        }
    }
}
Oracle answer = new Oracle(matrix);
return answer;
}
```

在矩阵中遍历各行（下标为 i）及各列（下标为 j）

若对应元素不在对角线上，则值为 0

若对应元素在对角线上，且其行号（即列号）就是正确答案，则矩阵元素为 -1

若对应元素在对角线上，但其行号（即列号）不是正确答案，则矩阵元素为 1

调用构造函数，利用矩阵生成谕示

返回谕示

本例有 2 个量子位（dim=2），正确答案是 2（solution=2）。可以验证这个函数所生成的矩阵与前面给出的矩阵相同。

在将这个逻辑门应用于前面得到的概率向量之前，先将其分别应用于包含错误值和正确值的状态向量。因为正确答案是 2，所以表示 1 的状态向量就是一个错误的状态向量。如前所示，经典函数 $f(1)$ 的结果是 0，而根据谕示的定义，我们期望将谕示应用于 $|01\rangle$ 而不改变输入值。利用矩阵乘法进行验证：

$$\begin{pmatrix} 1 & 0 & 0 & 0 \\ 0 & 1 & 0 & 0 \\ 0 & 0 & -1 & 0 \\ 0 & 0 & 0 & 1 \end{pmatrix}\begin{pmatrix} 0 \\ 1 \\ 0 \\ 0 \end{pmatrix} = \begin{pmatrix} 0 \\ 1 \\ 0 \\ 0 \end{pmatrix}$$

结果显示状态并未改变。下面将这个谕示应用于表示 2 的状态向量，经典函数 $f(2)$ 的结果是 1。表示 2 的状态向量对应于量子位序列 $|10\rangle$，将量子谕示应用于这个向量：

$$\begin{pmatrix} 1 & 0 & 0 & 0 \\ 0 & 1 & 0 & 0 \\ 0 & 0 & -1 & 0 \\ 0 & 0 & 0 & 1 \end{pmatrix}\begin{pmatrix} 0 \\ 0 \\ 1 \\ 0 \end{pmatrix} = \begin{pmatrix} 0 \\ 0 \\ -1 \\ 0 \end{pmatrix}$$

矩阵乘法的结果显示状态向量被翻转了。

提示： 从这个简单的例子可以看到，虽然状态向量发生了变化，但概率向量却与输入相同。1 的平方与 −1 的平方相等，因此只看概率向量是看不到差别的。

从理论上来讲，可以将这个谕示应用于任何表示某一可能下标的状态向量。但除了上面结果之外，所有情况都不改变输入。仅当将谕示应用于正确值时，结果才会翻转。但是这意味着还是平均需要 $N/2$ 次求值才能找到正确值。而利用前面创建的叠加态，就可以将谕示应用于一组可能的输入状态。

将矩阵与应用阿达玛门之后的状态向量相乘，得到如下结果：

$$\begin{pmatrix} 1 & 0 & 0 & 0 \\ 0 & 1 & 0 & 0 \\ 0 & 0 & -1 & 0 \\ 0 & 0 & 0 & 1 \end{pmatrix} \begin{bmatrix} \dfrac{1}{2} \\[4pt] \dfrac{1}{2} \\[4pt] \dfrac{1}{2} \\[4pt] \dfrac{1}{2} \end{bmatrix} = \begin{bmatrix} \dfrac{1}{2} \\[4pt] \dfrac{1}{2} \\[4pt] -\dfrac{1}{2} \\[4pt] \dfrac{1}{2} \end{bmatrix}$$

注意，第 3 个元素对应于状态 $|10\rangle$（即值 2），现在已为负数。但如果查看概率向量，所有的元素依然等于 1/4，如图 10.16 所示。

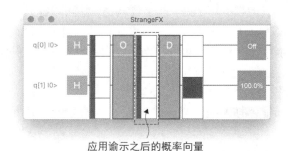

应用谕示之后的概率向量

图 10.16 在应用量子谕示后，所有情况的概率仍相等

量子谕示并不改变概率。如果现在对系统进行观测，观测到任何值的概率都相等。但作用于幅值的量子电路已发生改变。下一个步骤就会利用这一点。

这一情况展示了状态向量和概率向量的重要差别之一，即状态向量储存幅值，而概率向量储存概率。我们通常讨论的都是概率，但这个例子中，则需要深入探讨幅值。

图 10.17 展示了应用量子谕示后的状态向量，用横线表示 4 个不同的幅值。向右的箭头表示正值，向左的箭头表示负值。

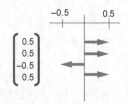

图 10.17 应用量子谕示后的状态向量可视化

概率是幅值之模的平方。因此，若幅值为 0.5，则概率为 0.25；幅值为 –0.5 时，概率也是 0.25，如图 10.16 所示。

注意： 在对各种状态均为叠加态的系统应用量子谕示后所得到的量子系统中，只有正确结果与其他结果的状态不同，但我们还无法观测到这一点。

10.5.4 格罗弗扩散算子：提高概率

格罗弗搜索算法的下一步是对系统状态应用扩散算子（Grover diffusion operator）。这个算子可以使隐藏在量子系统中的信息更多地暴露出来。在前面的步骤中，系统已经包含了我们所需要的信息（期望结果的幅值为负数），但还不能观测到（因为所有的概率都相等）。扩散算子可以通过应用量子逻辑门或创建矩阵进行构建（可以从 Strange 或配套资源的 ch10/grover 目录中的示例查看代码的实现）。

相关代码位于配套资源的 ch10/grover 目录中的示例 Main 类的 createDiffMatrix(int dim)方法中。所得到的扩散算子是一个数学构造，它可以提高得到正确结果的概率，而降低其余结果的概率。开发者无须理解其背后的数学概念，因此在此不进行深入探讨，而只解释算子所能得到的效果。可以在网上找到其数学证明，例如卡耐基梅隆大学的网站上就能找到有关格罗弗搜索算法的文章。

扩散算子进行的是"均值倒置"，即：

（1）求状态向量中所有值之和；

（2）求平均值；

（3）将每个值替换为其关于平均值的镜像。

下面计算一下现在的状态向量会变成什么样子。状态向量中的 4 个元素分别为 1/2，1/2，–1/2，1/2，这些元素的和为 1：

$$\frac{1}{2}+\frac{1}{2}-\frac{1}{2}+\frac{1}{2}=1$$

因此平均值为 1/4。

下面要以 1/4 为轴翻转这些元素（1/2 或 –1/2）。如图 10.18 所示，1/2 的翻转结果是 0。有趣的是，–1/2 的翻转结果是 1！

注意：扩散算子是格罗弗算法的一部分，其使得观测到负值的概率提高。

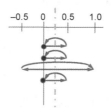

图 10.18 应用扩散算子后的状态向量的可视结果

格罗弗搜索算法的真正威力来自于量子谕示与扩散算子的结合。量子谕示翻转了目标幅值的符号，而扩散算子沿所有幅值的平均数翻转，从而使负值变为最大元素。在上面的特殊情况中，只有两个量子位，一个步骤就能找到原问题的正确答案。针对我们所给定的谕示，一次求值就能够确定下标为 2 的元素是函数的正确答案。

如果量子位的数量多于 2 个，观测到正确答案的概率仍然大于其他选项，但并非100%。此时，需要应用多次量子谕示和扩散算子。

数学上可以证明，取得最优结果约需要 $\sqrt{N}\pi/4$ 个步骤。Main 类的 doGrover 方法中的下列代码实现了以上步骤：

```
private static void doGrover(int dim, int solution) {
        int N = 1 << dim;
        double cnt = Math.PI*Math.sqrt(N)/4;
...
        for (int i = 1; i < cnt; i++) {
// apply a step
        }
...
    }
```

回顾图 10.11，其中 N 为64，我们看到在 6 个步骤后得到了较好结果。而从上面的算法可以求出，最优步骤的数量是 6.28。

注意：当应用的步骤数量超过最优值时，结果的质量反而会下降，因此我们强烈建议遵循上面给出的算法。

10.6 结论

格罗弗搜索算法是最有名的量子算法之一。本章学习的这一算法本身虽然与搜索数据库无关，但可应用于搜索非结构化列表。

与许多量子算法类似，格罗弗搜索算法提高了观测到正确答案的概率，而降低了观测到错误答案的概率。

若没有先验知识，所有可能的备选答案概率都相等。应用算法的一个步骤之后，正确答案的概率就会高于其他备选答案。在最优步骤之后（约为 $\sqrt{N}\pi/4$），正确答案的概率达到最大值。

本章小结

■ 在非结构化列表中搜索特定元素的经典算法可用 Java 方程实现。

■ 利用经典 Java 函数的量子版本，可以使用量子算法进行同样的搜索。

■ 经典算法搜索特定元素的时间与列表中的元素数量成正比；在量子方法中，若采用格罗弗搜索算法，则找到特定元素的时间与元素数量的平方根成正比。

■ 格罗弗搜索算法可用 Strange 实现。

第 11 章　舒尔算法

本章讨论一个大名鼎鼎的量子算法。相比于算法的结果，更重要的是得出这一算法的方式。本章框架如图 11.1 的心智模型所示。

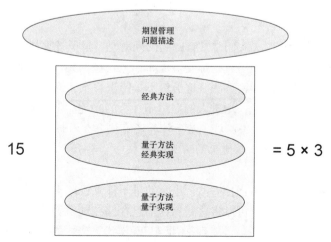

图 11.1　本章的心智模型。我们逐步开发一个利用量子计算的 Java 应用将 15 分解为 5 和 3 的乘积

11.1　一个小示例

在解释和讨论舒尔算法（Shor's algorithm）之前，先来看一看在量子计算机模拟器上调用舒尔算法的 Java 代码。你所需的所有资料都位于配套资源的 ch11/quantumfactor目录中。稍后再来讨论这一示例，现在你需要知道我们在利用 Strange 来模拟一个真实量子计算机的行为。运行这一示例，将看到如下输出：

```
Factored 15 in 3 and 5
```

就是这样，应用程序将 15 分解为 3 和 5 的乘积。虽然你用经典计算机可以轻松做到，甚至用大脑也能完成，但这仍然是一个说明量子计算机可以发挥真正作用，并解释原因的例子。正如之前说到的，本章代码的结果并不十分惊艳，但仍有以下两项理由来强调这一算法：

- 当拥有足够而高质量的量子位的量子计算机可用时，舒尔算法的结果将十分惊人，而且会对现有的许多加密技巧构成威胁；
- 舒尔在量子计算机上解决这类问题的方法将帮助人们用类似的方法解决不同的问题。

注意： 你不需要借助量子计算机或模拟器就能求得 15=3×5。但是通过理解量子计算机如何进行整数分解，就可以在量子计算机真正可用的时候，在着手解决类似的问题时受益。例如，优化算法和一些机器学习算法就有可能用到本章提到的量子计算技巧。

11.2　营销炒作

在谈到量子计算时，人们常常会问到的问题是，量子计算机会对哪些领域产生可观的影响，而一个常见的回答就是加密。通常当人们被问到他们对量子计算有何了解时，答案常常是：它将破解加密算法。这虽然不是错误答案，但需要放在合适的语境中。显然，这个答案会引发讨论，增进人们对量子计算的兴趣。但需要注意：

- 除了破解加密算法以外，量子计算还有许多令人惊艳的目标；
- 要想破解当今正在使用的常见加密技巧，量子计算机至少还需要数年的发展时间。

第 2 项预测还需要再谨慎一些。当今的量子计算机还不能破解利用 2048 位 RSA 密钥加密的信息，但是当下可以将这些加密信息存储在硬盘上，待到量子计算机足够强大时再进行破解。也就是说，可能到 21 世纪 30 年代，当今的一些秘密就要被解密了。

"量子计算将破解当今的加密算法"这一论断背后的思想，是许多当今使用的加密技巧都基于"大整数非常难以分解"这一假设。目前人们成功分解了 829 位的整数，这需要使用 Intel Xeon Gold 6130 CPU 运行 2700 核年（core-year）。由于现在最优的算法还属于次指数时间复杂度，增加一个位将使得经典计算机的整数分解难度指数级增长。因此我们可以认为，2048 位的密钥是非常安全的。

但是 1994 年，彼得·舒尔（Peter Shor）发表了一篇题为《量子计算算法：离散对数与分解》（"Algorithms for Quantum Computation: Discrete Logarithms and Factoring"）的论文，阐述了与最优经典方法相比，量子计算机能够大大加快分解速度，（尤其是）更可推广地实现整数分解。这一算法（后被人以发明者的名字命名为舒尔算法）已经在量子计算机模拟器（例如 Strange）和真实的量子计算机上实现了。结果可能看起来不尽如人意，但因为这一算法具有多项式时间复杂度，如果问题变得更具挑战性，并且具有更稳定量子位的量子计算机问世，那么这一算法的真正优势就将得以显现。

> **注意：** 不要有不切实际的期望。对于我们能否真的制造一台拥有足够稳定的量子位、能够分解 2048 位密钥的量子计算机，物理学家并没有达成共识。但无论如何，舒尔算法的思路都是十分有趣的，它可以作为其他算法和思路的基础。因此，我们需要对其进行一定解释。

11.3　经典分解和量子分解

许多加密算法都默认计算机分解大整数十分困难。但这真的这么难吗？

破解加密算法是一件有价值的事情，有大量研究试图找出分解大整数的最优算法。目前，已知最佳的经典算法具有次指数时间复杂度。

> **注意：** 我们在第 1 章讨论过时间复杂度。你可以回顾一下相关信息，这一章将不断提到多项式和指数时间复杂度。

舒尔算法在多项式时间内解决这一问题。其绝对数值取决于许多因素，但图 11.2 对次指数曲线和多项式曲线的对比，清楚地描述了我们的主要思想。（坐标轴上的数值不重要，它们只有象征意义。）

从这一对比可以观察到：

- 当位的数量较少时，次指数方法（例如经典算法）相当好用，甚至优于多项式方法（量子算法）；
- 当位的数量足够大时，随着位数的进一步增加，使用经典算法解题的难度将大幅超越量子算法。

总而言之，在分解大整数时，舒尔算法的确展示出了它的强大，因而在处理加密算法时常常要用到这一点。但是这需要比当今的量子计算机更多的量子位，因此目前其真正的益处还未完全显现。

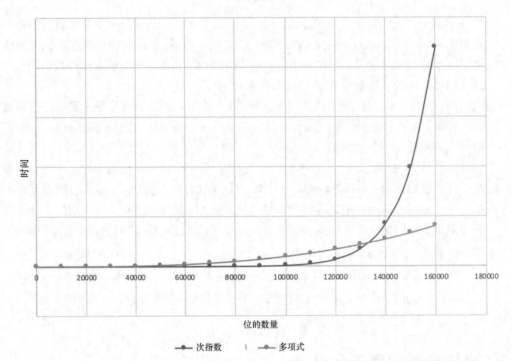

图 11.2　次指数算法与多项式算法的计算时间与输入位数的关系

11.4　一个跨领域问题

看待舒尔算法有许多种方式。很显然，它运用了量子物理特有的性质，不然我们就无法从量子计算中获益。另外这一算法本身还基于线性代数和数学等式。此外，为了实际操作，还需要用编程语言开发程序并将其与软件的其他部分整合起来。图 11.3 展示了这一跨领域手段。

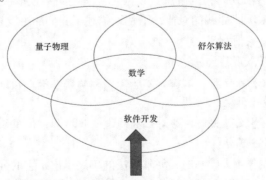

图 11.3　舒尔算法需要不同领域的专业知识。本章将聚焦于软件开发部分，
但并不意味着其他领域不重要

舒尔算法的成功主要与其良好的性能有关。其最终性能结合了图 11.3 所示的三个领域的特性。已有许多研究试图寻找最佳的方法，它们考虑了一些不同的特征。

- 需要多少个量子位？
- 需要多少个基本逻辑门？
- 算法的深度如何（这关系到多少个门操作可以并行执行）？

这些问题的答案与我们要分解的整数的位的数量有关。可以证明，所需量子位的数量和基本逻辑门的数量与位的数量都是多项式关系。

本章聚焦于舒尔算法的软件开发部分。这一算法的数学与物理背景十分复杂，可以在 Stephane Beauregard 的论文《使用(2n+3)量子位的舒尔算法电路》（"Circuit for Shor's Algorithm using 2n+3 qubits"）中找到更多信息。

11.5　问题描述

许多加密技巧的核心概念是质数。所谓质数是指只能被 1 和它本身整除的整数。例如 7 是质数，而 6 不是质数，因为 6 可以被 1、2、3、6 整除。

假设你已知 2 个质数 7 和 11，计算这 2 个质数的乘积是很简单的：

$$7 \times 11 = 77$$

而其逆操作则复杂一些：给定 2 个未知指数的乘积，求这 2 个质数。在前面的例子中，这仍然很简单：

$$77 = 7 \times 11$$

我们说 77 可以分解为 7 和 11。你甚至不需要计算器就可以完成。

但是当质数变大时，问题就变得复杂了。一个稍微困难一些的数是 64507，你能快速说出它能否分解为两个质数吗？这已经比分解 77 更难了。但其相反的问题则简单得多：251 和 257 的乘积是多少？

$$251 \times 257 = 64507$$

这就是加密算法的一个基本规则：从一件事到另一件事的做法很简单（从因数到积），但反过来非常困难（从积到因数）。因此本章要解决的核心问题就是：给定整数 N，求 2 个整数 a 和 b，使得 $N = a \times b$，其中 $a > 1$ 且 $b > 1$。

我们首先用一个纯经典方法解决这一问题。这对应于心智模型中的第 1 种方法，如图 11.4 所示。

通常，整数分解的经典方法很直接，如图 11.5 所示。这一方法直接尝试找到给定整数的因数并返回。虽然这听起来可能非常显然，但后面会看到量子方法采取了一个不同的路径。

一个朴素方法的示例代码已在配套资源的 ch11/classicfactor 目录中给出，main 方法如清单 11.1 所示。

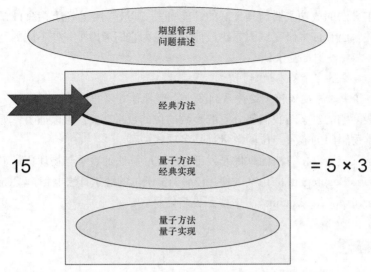

图 11.4   在心智模型中，我们现在将解释经典方法

图 11.5   整数分解的经典方法流程图。经典算法聚焦于找到给定整数的一个因数并返回它和另一个因数

清单 11.1   经典 main 方法的源代码

```
public static void main (String[] args) {
    int target = (int)(10000 * Math.random());
    int f = factor (target);
    System.out.println("Factored "+target+" in "
        + f + " and "+target/f);
}
```

挑选一个 0 ~ 10000 的随机整数

调用 factor 方法求所选取整数的一个因数

输出求得的因数以及与之相乘能得到所选取整数的另一个因数

main 方法将工作委托给 factor 方法，如下所示：

```
public static int factor (int n) {
    int i = 1;
```

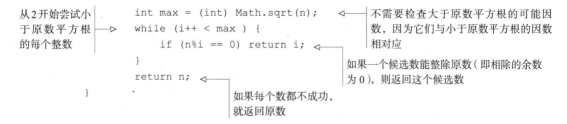

从 2 开始尝试小于原数平方根的每个整数

```
int max = (int) Math.sqrt(n);
while ( i++ < max ) {
    if (n%i == 0) return i;
}
return n;
```

不需要检查大于原数平方根的可能因数，因为它们与小于原数平方根的因数相对应

如果一个候选数能整除原数（即相除的余数为 0），则返回这个候选数

如果每个数都不成功，就返回原数

这明显是一个朴素的方法，而且存在更高效的方法。

11.6　舒尔算法背后的基本原理

舒尔算法的数学细节超出了本书的讨论范围。如果你感兴趣，可以查阅前面提到的 Stephane Beauregard 的论文，它包含了创建实现这一算法的电路的详细说明。

但是这些细节背后的基本原理非常重要，因为它能应用于许多潜在的量子算法。舒尔算法将初始问题"翻译"成另一个问题：寻找函数的周期性。现在先研究这一问题，接下来解释它和初始问题是如何联系起来的。我们将说明寻找特定函数（模幂）的周期性如何帮助找到整数的因数。

11.6.1　周期函数

如果一个函数的函数值每隔一定区间规律性地重复，则这个函数称为周期函数。这个区间的长度称为函数的周期。

模幂是一个有趣的周期函数，其定义为

$$f(x) = a^x \bmod N$$

其中 a 和 N 都是参量，$a < N$。由于模运算的性质，这一函数的输出总是小于 N。

为了让你更直观地了解这个函数的样子，不妨考虑 a=7，N=15 的情况。图 11.6 展示了 $y = 7^x \bmod 15$ 的变化趋势。

这就是一个函数自身重复的例子。每当将 x 增加 4，函数值都维持不变。这也可以从表 11.1 看出，其中列出了 x 从 0 到 8 所对应的 y 值。

表 11.1　　　　　　　　　　　　　周期函数变量表

x	0	1	2	3	4	5	6	7	8
y	1	7	4	13	1	7	4	13	1

从这些观察结果可以得出这一函数的周期是 4。

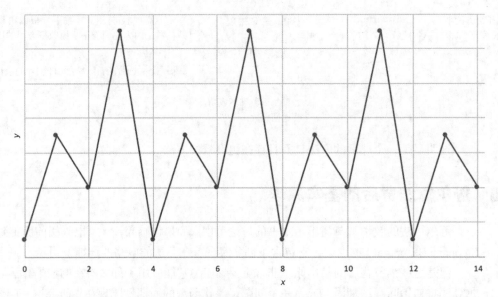

图 11.6　周期函数的示例。这一函数的周期是 4：x 每相差 4，y 值的模式就重复出现一次。
例如这一函数的峰值出现在 x 取 3、7、11 处

11.6.2　解决一个不同的问题

　　求函数的周期性是一个量子计算机可以在多项式时间内解决的问题。在量子计算完成后，其结果还需要翻译回初始问题，流程如图 11.7 所示。

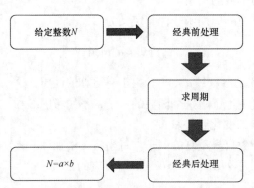

图 11.7　解决一个不同的问题。不直接求解整数 N 的因数，而是将初始问题
转换为一个不同的问题，解决后再翻译回初始问题，就可以得到解答

注意：量子计算机可以大幅提升一些算法的效率，但并非所有的算法。因此创建量子应
　　　用的关键常常在于设法将初始问题转换为量子计算机容易解决的问题（例如用多
　　　项式时间而不是指数时间解决）然后再转换回初始问题的领域。

初始问题是寻找两个整数，使之乘积等于想要分解的整数 N。而实际利用量子计算机解决的问题看起来非常不同，它是这样的一个问题：给定整数 a 和整数 N，求函数 $a^x \bmod N$ 的周期。

虽然这个问题与初始问题看上去天差地别，但可以从数学上证明它们是相关的。只要求出这个函数的周期，就能容易地求出 N 的因数。

我们并不打算给出数学证明，但将会通过分析一些 Java 代码说明周期性和因数的关系。这段代码遵循的流程图如图 11.8 所示。

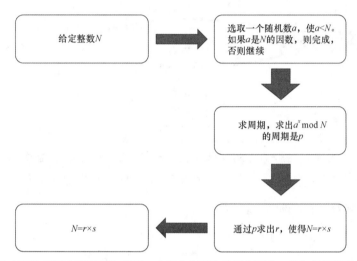

图 11.8　经典实现和量子实现的详细流程。在经典实现和量子实现中，将初始问题转换为求周期的前处理和后处理是类似的。求周期可以用经典方法实现，也可以用量子方法实现

11.7 节解释如何用量子算法实现其关键部分——求模幂的周期。在此之前，先用经典计算的方法写出完整的算法。这是心智模型中的第 2 种方法，如图 11.9 所示。

配套资源的 ch11/semiclassicfactor 目录中的示例代码包括了一个舒尔算法的经典实现。在研究代码之前，先运行这一示例：

```
mvn compile javafx:run
```

结果应如下所示。

```
We need to factor 493
Pick a random number a, a < N: 6
calculate gcd(a, N):1
period of f = 112
Factored 493 in 17 and 29
```

这说明算法已求出 493 可以分解为 17 和 29 的乘积。

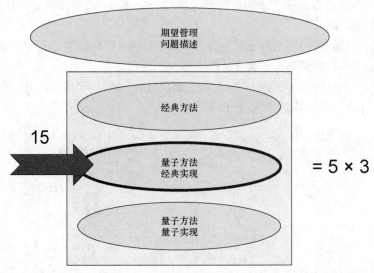

图 11.9　心智模型：量子方法的经典实现。不像经典方法那样直接使用整数分解技术。

　　而是使用求周期的技术，这是量子方法的一环，但我们先用经典方法进行开发

接下来看一下示例的 main 方法：

```
public static void main (String[] args) {
        int target = (int)(10000 * Math.random());
        int f = factor (target);
        System.out.println("Factored "+target+" in "+f+ " and "+target/f);
    }
```

这一代码很直接，与清单 11.1 中的 main 方法完全相同。先生成一个 0 ~ 10000 的随机数，然后调用 factor 方法求整数的一个因数，最后输出这个因数和另一个因数。

这个方法将主要工作委托给了 factor 方法，如清单 11.2 所示。最好边看代码边留意图 11.8。

清单 11.2　factor 方法：量子方法的经典实现

```
public static int factor (int N) {
    // PREPROCESSING
    System.out.println("We need to factor "+N)
    int a = 1+ (int)((N-1) * Math.random());
    System.out.println("Pick a random
                        number a, a < N: "+a);
    int gcdan = gcd(N,a);
    System.out.println("calculate gcd(a, N):"+ gcdan);
```

开始前处
理部分

选取 1~N 的一
个随机数

计算 a 和 N 的最大公约数

```
if (gcdan != 1) return gcdan;
// PERIOD FINDING
int p = findPeriod (a, N);

// POSTPROCESSING
System.out.println("period of f = "+p);
 if (p%2 == 1) {
    System.out.println("odd period, restart.");
    return -1;
}
int md = (int)(Math.pow(a, p/2) +1);
int m2 = md%N;
if (m2 == 0) {
    System.out.println("m^p/2 + 1 = 0 mod N,
                                   restart");

    return -1;
}
int f2 = (int)Math.pow(a, p/2) -1;
return gcd(N, f2);

}
```

如果最大公约数是 1，则算法完成，因为这说明这个最大公约数就是 N 的因数

求模幂函数的周期，这是最主要的工作，将在下一个清单中展开说明

若周期为奇数，则不能使用而需要重新进行操作。返回-1 以表明操作失败

进行少量的数学操作，通过周期得到因数 N。这一步骤也可能失败，若失败则返回-1

上面的 factor 方法调用了 findPeriod 方法，以求出函数 $a^x \bmod N$ 的周期。这个函数可在量子计算机上快速执行。

注意：如果函数可在多项式时间内完成，就可以说它可以快速执行。

11.6.3 求周期的经典方法

当然也可以在经典计算机上求解周期，但对于大数而言，这将耗费相当长的时间。但是对于小数字（例如小于 10000 的数字），这个方法在经典计算机上也可以很好地运行。

从图 11.6 可知模幂函数有明确的周期。令 $x = 0$，第 1 次求值得到的函数值为 1。然后使 x 依次增加 1，并得到新的函数值，函数就会开始周期模式。若在某一时刻，函数值重新回到 1，则模式就开始重复。因此当能确定 x 为何值时，函数值为 1，就能得知周期。朴素方法的经典 Java 函数如清单 11.3 所示。

清单 11.3 求函数周期的经典实现

函数的周期至少为 1。注意当r取 0 时，任意a 的r次幂关于N 取模的值一定为 1

```
public static int findPeriod(int a, int N) {
        int r = 1;
        long mp = (long) (Math.pow(a,r)) % N;
```

计算a 的 1 次幂模N 的结果

```
BigInteger bn = BigInteger.valueOf(N);
BigInteger bi = BigInteger.valueOf(a);
while (mp != 1) {
    r++;
    BigInteger mpd = bi.pow(r);
    BigInteger mpb = mpd.mod(bn);
    mp = mpb.longValue();
}
return r;
}
```

只要结果不是 1（即 a 的 0 次幂关于 N 取模），就需要使 r 增加并继续

求下一个幂

计算这个值关于 N 取模的结果

若模为 1，则得到与 r 为 0 相同的结果，可知此时的 r 值就是周期

这个求模幂函数周期的函数也可以在量子计算机上实现，并利用量子性质编写为量子算法。这是舒尔算法的核心，会在 11.7 节讨论。

11.6.4 后处理步骤

虽然这个算法的最重要部分是求函数的周期，但将其转换为一个因数也十分重要。这一操作是在后处理步骤完成的。我们不会给出严密的数学证明，而是以一些值为例展示这些步骤，以便理解各步的作用。

回忆一下，涉及的参数如下。

- N 是想要分解的数：例如 $N = 493$。
- a 是一个小于 N 的随机数，用于初始化求周期的部分。我们以 $a = 6$ 为例。
- p 是函数 $a^x \bmod N$ 的周期，需要从算法的求周期部分得到。在本例中，$p = 112$。

根据周期函数的定义，可知

$$f = a^x \bmod N = a^{x+p} \bmod N$$

当 $x = 0$ 时，上式简化为

$$a^0 \bmod N = a^p \bmod N$$

即

$$1 = a^p \bmod N$$

代入前面的数值，得到

$$6^{112} \bmod 493 = 1$$

在求 493 的因数之前，先验证此式是否成立。虽然用 Java 应用程序也可以实现，但用 jshell 更简单——它位于 Java SDK 中，因此我们的系统上已经有此功能。JShell 是一种 Java REPL 工具，是 Java SDK 的一部分。

配套资源的 ch11/jshell 目录中有一个 checkperiod 脚本，可加载到 jshell 中。脚本的内容如下：

```
int N = 493;        ◀───┤ 根据示例将变量初始化
int a = 6;
int p = 112;                 初始化变量 u 的值为 1，这一
int u = 1;          ◀───     变量记录计算结果
for (int i = 0; i < p; i++) {
                             在循环体内，模幂是通过多次乘积取模实现的。
    u = (u * p) % N;    ◀──  这使得结果一定小于 N，否则结果会过大，超出
}                            整型范围
System.out.println("This should be 1: " + u);
```

输出结果，我们希望其值为 1

可以输入脚本的内容，或在 jshell 中运行 /open 命令加载代码。在 shell 中运行的结果如下。注意，我们在后面又输入了 /list 命令以查看执行的命令。

```
| Welcome to JShell -- Version 17
| For an introduction type: /help intro

jshell> /open jshell/checkperiod
This should be 1: 1

jshell> /list

   1 : int N = 493;
   2 : int a = 6;
   3 : int p = 112;
   4 : int u = 1;
   5 : for (int i = 0; i < p; i++) {
           u = (u * p) % N;
       }
   6 : System.out.println("This should be 1: " + u);

jshell>
```

显然，结果是正确的。根据

$$a^p \bmod N = 1$$

可知

$$a^p - 1 = kN$$

其中 k 为整数。利用等式

$$x^2 - 1 = (x+1)(x-1)$$

可将上式改写为

$$(a^{p/2}+1)(a^{p/2}-1)=kN$$

若记

$$u=a^{p/2}$$

则可简化为

$$(u+1)(u-1)=kN$$

若对等号两边都进行分解，则 N 的因数（如果 N 不是质数，其因数存在）也应该在等号左边。因此 N 和 $u+1$ 的最大公约数就应该是 N 的因数。

还是用前面的值进行验证。在同一目录中的 checkperiodjshell 中包含脚本 calculatef，进行的就是我们上面描述的过程：

```
int gcd(int a, int b) {
        int x = a > b ? a : b;
        int y = x == a ? b : a;
        int z = 0;
        while (y != 0) {
            z = x % y;
            x = y;
            y = z;
        }
        return x;
}

int N = 493;
int a = 6;
int p = 112;
int u = 1;
for (int i = 0; i < p/2; i++) {
    u = (u * p) % N;
}
System.out.println("This is u mod N: " + u);
System.out.println("This is gcd: " + gcd(u + 1, N));
```

定义求两个整数最大公约数的函数。此处不解释函数细节，但你可以通过代入具体数值进行验证

再次根据实例定义变量的值

按照上文的方法求 u 的值

输出 u 的值

计算 u+1 与 N 的最大公约数，并输出

在 jshell 中运行 /load jshell/calculatef，可得出如下结果：

```
| Welcome to JShell -- Version 16-ea
| For an introduction type: /help intro

jshell> /open jshell/calculatef
This is u mod N: 407
This is gcd: 17
```

而 17 的确是 $N = 493$ 的一个因数：

$$493 = 17 \times 29$$

在本节中，如果你能求出 $a^x \bmod N$，就能成功求出 N 的因数。目前，周期的求解仍是用经典方法完成的，11.7 节展示其量子实现。而这以后的处理步骤保持不变。

11.7　基于量子的实现

回到配套资源的 ch11/quantumfactor 目录中的示例。这个示例中的 main 方法非常简单：

```java
public static void main (String[] args) {
        int target = 15;
        int f = Classic.qfactor (target);
        System.out.println("QFactored "+target+" in "+f+ " and "+target/f);
}
```

这一方法中真正的工作只是调用了 Classic.qfactor 这一 API。Strange 中的 qfactor 方法返回给定整数的一个因数，我们通过这个因数也可求出另一个因数。例如，如果询问 15 的因数，返回了 3，则知道另一个因数是 15/3，即为 5。

qfactor 方法在前处理和后处理步骤都利用了经典计算方法，11.6 节已经介绍过。但 findPeriod 方法则采用了完全不同的实现方式。我们即将讨论心智模型中的第 3 种方法，如图 11.10 所示。

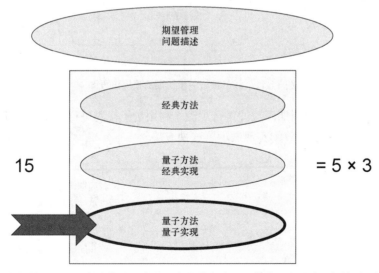

图 11.10　心智模型：量子方法的量子实现。在这种方式下，前处理和后处理仍然采用经典方法，而求周期则采用量子算法

Classic.qfactor 的实现可在 Strange 的源代码中找到，但它其实与清单 11.2 中的代码片段非常相似。唯一的区别是 findPeriod 方法。我们将解释这个方法是如何用量子算法在 Strange 中实现的。

根据清单 11.2 的代码片段，我们面临的挑战是求下列函数的周期：

$$f = a^x \bmod N$$

现在不再调用清单 11.3 中的经典函数 findPeriod，而是采用量子实现相关功能。可在 Strange 的源代码中通过 Classic.findPeriod (int a, int mod)中找到该实现。注意这个函数的声明与经典实现中的函数声明完全相同。

再次采用量子的通用技巧：通过创建叠加态并操纵系统，对所有 0 到 N 之间的整数求函数值，在观测结果时可得到有用的值。

将挑战分解为两个部分：

■　创建周期函数并进行观测；

■　根据观测结果计算周期。

流程示意如图 11.11 所示。

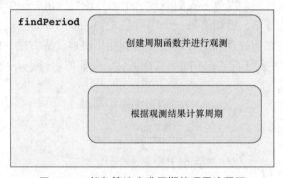

图 11.11　舒尔算法中求周期的顶层流程图

第 1 部分（创建周期函数并进行观测）利用量子代码进行，而第 2 部分则只利用经典代码。findPeriod 函数的实现展示了这种方法。

```
public static int findPeriod(int a, int mod) {
    int p = 0;
    while (p == 0) {
        p = measurePeriod(a, mod);          准备周期函数，
    }                                       并进行一次观测
    int period = Computations.fraction(p, mod);    利用观测值计算周期
    return period;
}
```

注意第 1 部分可能不会返回有用的结果。在这种情况下，measurePeriod 函数返回 0，需要再次调用该函数。

舒尔算法的重要环节是第 1 部分，我们即将结合前面所学的几乎所有知识对其进行解释。

11.8　利用量子逻辑门创建周期函数

如前所述，我们不会深入数学细节来证明舒尔算法的正确性。本节给出这种方法为何可行的直观理解。

11.8.1　流程与电路

算法的这一部分也包含若干步骤。我们将通过展示算法的流程、实现各步骤量子电路以及代码来进行解释，然后再稍详细地讨论这些不同的步骤。

创建周期函数的流程如图 11.12 所示。因为这一部分使用了量子算法，因此包含了量子电路，如图 11.13 所示。

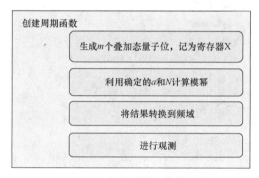

图 11.12　创建周期函数的流程

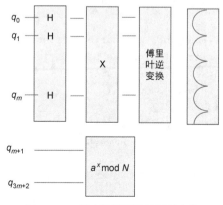

图 11.13　创建周期函数的量子电路

　　　　图中量子位被划分到两个寄存器中，这里的寄存器是指共同具有某种意义的一组量子位。图中上方的寄存器称为输入寄存器（input register），下方的寄存器称为辅助寄存器（ancilla register）。创建周期函数并进行观测的代码如下。请注意 Strange 是正在积极开发的框架，其实现可能随时发生变化。因此本书中的代码可能与你在 Strange 或其示例中的代码有所差异：

```java
private static int measurePeriod(int a, int mod) {        创建周期函数对 a 的 x 次幂关
    int length = (int) Math.ceil                          于 mod 取模，并返回观测结果
                (Math.log(mod) / Math.log(2));
    int offset = length + 1;
    Program p = new Program(2 * length + 3 + offset);
    Step prep = new Step();
    for (int i = 0; i < offset; i++) {
        prep.addGate(new Hadamard(i));        这一步骤在第 1 个量子位寄存器上
    }                                         创建叠加态
    Step prepAnc = new Step(new X(length +1 + offset));
    p.addStep(prep);
    p.addStep(prepAnc);
    for (int i = length - 1;
            i > length - 1 - offset; i--) {   这一步骤将进行模幂运算的量子
        int m = 1;                            逻辑门加入辅助寄存器
        for (int j = 0; j < 1 << i; j++) {
            m = m * a % mod;
        }
        MulModulus mul =
            new MulModulus(length, 2 * length, m, mod);
        ControlledBlockGate cbg =
            new ControlledBlockGate(mul, offset, i);
        p.addStep(new Step(cbg));
    }
    p.addStep(new Step(new InvFourier(offset, 0)));   将第 1 个寄存器转换
    System.err.println("Calculate periodicity");      到频域
    Result result = qee.runProgram(p);
    Qubit[] q = result.getQubits();
    int answer = 0;
    for (int i = 0; i < offset; i++) {        观测第 1 个
        answer = answer + q[i].measure()*(1<< i);     寄存器
    }
    return answer;
}
```

11.8.2　步骤

本节将简要讨论 measurePeriod 函数中的几个步骤。

创建叠加态

首先对输入寄存器中的每个量子位应用阿达玛门，这会使其进入叠加态。后续的计算就可以针对输入寄存器中各种可能的组合来执行。

经典计算机上并不能实现这一点，这也是量子计算机可以快速处理此类问题的直观原因之一。但请记住，虽然可以对各种可能值创建叠加态，但只能对系统进行一次观测。因此需要实施另外一些步骤以确保这次观测能得到真正有用的结果。

进行模幂运算

接下来，输入寄存器用于计算模幂 $a^x \bmod N$，计算结果储存于辅助寄存器中。这一操作的结果使输入寄存器变为周期为 r 的周期函数，其中 r 就是 $a^x \bmod N$ 的周期。

这很有趣，因为现在得到了一个周期函数。但是因为只能进行一次观测，无论观测值如何，都不能得到关于函数周期的充足信息。

应用量子傅里叶逆变换

利用量子傅里叶逆变换，可以将周期函数转换为在某些"频率"上取得峰值的函数。可以证明，概率向量恰好有 r 个峰，其中第 1 个峰出现在 $|0\rangle$ 处，而其他峰均匀分布。这一步骤之后，概率矩阵有若干个峰，如图 11.14 所示。

图 11.14　有 8 个峰的概率分布

注意：可以证明我们创建的函数的周期就等于量子傅里叶逆变换后峰的数量。这是舒尔
　　　算法的关键要素。

要想求函数的周期，就需要知道峰的数量，应该怎么做呢？只能进行一次观测，这
能让我们确定峰的数量（即函数的周期）吗？11.9 节将说明，一次观测的确很有可能实
现这一目标。

11.9　求周期

如果可以查看概率向量，就能数出有几个峰。但很遗憾不能这样做，只能观测
量子位，一次观测对应概率向量的一个元素。在前面的步骤中，创建周期函数并进
行观测得到了一个值。这个值并非函数的周期，但能揭示足够的信息，有望帮助我
们求出周期。

观察图 11.14 中的概率分布，可知我们观测到概率向量某个峰的概率很高。基于这
一信息，可知我们就有很高的概率求出峰的数量。

我们利用连分式展开算法。这一算法以一个观测值和答案的最大可能值为输入，并
返回周期。这一算法实现于 Computations 中，其声明为

```
public static int fraction (double d, int max);
```

其中，d 为观测值除以最大值的商，为 0 ~ 1 的任意值；max 是可能返回的最大值。根
据观测值恰为或接近概率分布的峰值这一信息，该算法的结果将返回概率分布中峰的数量。

我们可能运气不佳，例如若观测值位于第 1 个峰，其值为 0。在这种情况下，就无
法获得关于周期的任何信息，而需要重新实验，这意味着需要重新运行量子程序。但即
使多次运行实验，算法的复杂度并不会改变。假如观测到 0 的概率随量子位数量的增加
而增加，则情况会变得很糟，但这一算法并不会这样。

现在已经求出了周期，原数的因数可以按照半量子方法的同样办法求得，见清单 11.2。
后面就可以继续算法的后处理步骤（标注 POSTPROCESSING 的部分）计算并输出因数。

注意：恭喜你，你已成功运用舒尔算法对整数进行了分解！谨记这一算法只有一部分是
　　　用量子算法实现的，而正是这一部分极大地缩短了总体计算时间。

11.10　实现中的挑战

舒尔算法非常依赖于模幂运算，虽然看上去这只是一个实现中的细节，但实际上这
是一个十分巨大的挑战。

量子计算机上的数学操作并不容易实现，我们之前已解释过，所有的逻辑门都必须

是可逆的。例如，在经典电路中，加法操作可参见图 11.15 实现，逻辑门的输入是两个值 x 和 y，可以用位表示，输出只有一个值，即 $x+y$。

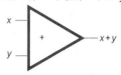

图 11.15　经典加法运算

但量子世界却不能这样做，因为不能从 $x+y$ 反推 x 和 y。例如，若 $x+y=1$，则不知道是 x 为 0 而 y 为 1，还是 y 为 0 而 x 为 1。因此，量子加法逻辑门实现应如图 11.16 所示。

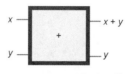

图 11.16　量子加法运算

这一逻辑门的结果保留了原来的 y 值，基于 $x+y$ 和 y，就能得到原来的 x 值。因此，这个逻辑门是可逆的，可以反推。我们已经在第 7 章讨论过量子加法逻辑门，如果你想复习其实现细节，可以回顾相关内容。

加法逻辑门是乘法逻辑门的基础，也是幂逻辑门的基础。模运算增加了这一算术运算的复杂性。如果想创建模幂运算的电路，就先需要能够进行模乘，在此之前还要能进行模加。

虽然在量子计算机上进行基本算术运算没有直接优势，但重要的是意识到这些运算是可用的。例如，你刚刚了解到舒尔算法很大程度上依赖于模幂运算，模幂运算需要模乘，模乘运算需要模加，模加又需要普通加法，而刚刚展示的正是这个操作。

因此，如果你的算法需要这些运算，可以应用 org.redfx.strange.gate 包中的算术操作。这样，你的算法就可以在 Strange 模拟器中使用量子算术运算了，当真正的量子计算机可用时，你的算法同样也能在其上运行。

本章小结

- 求整数的因数是许多信息技术领域中的常见挑战。
- 若目标（即要分解的整数）变大，利用经典方法需要花费指数级时间。
- 舒尔算法的目标是求整数的因数。
- 舒尔算法表明将问题转换为量子计算机容易（更快）处理的问题可以从中获益。
  舒尔算法将整数分解问题转换为求解周期函数的周期问题。

附录 A　Strange 入门

A.1　环境要求

Strange 是一个模块化 Java 库,运用了 Java 11 引入的模块(module)概念。要想运行使用 Strange 的应用程序,需要 Java 11 或更高版本的运行时。开发这些应用需要安装 Java 11 或更高版本的 SDK,其中也要包含 Java 11 运行时。可以从 JDK 网站下载 Java SDK。推荐选择最新的可用版本(例如 JDK 17)。

> **注意**:Java 的发布周期很容易预测,每 6 个月就会发布一个主版本:2021 年 9 月发布 JDK 17,2022 年 3 月发布 JDK 18。根据当前时间,可以容易地知道最新的 Java 发布版本。

如果你想知道你用的是什么 Java 版本,可以在 java 命令后加-version 参数,输出应如下所示:

```
java -version
openjdk version "15" 2020-09-15
OpenJDK Runtime Environment (build 15+36-1562)
OpenJDK 64-Bit Server VM (build 15+36-1562, mixed mode, sharing)
```

这表明我们使用的是 Java 15 版本。

> **提示**:应下载与你的平台(例如 Linux,macOS,Windows)相匹配的版本。

多数 Java 开发者都使用集成开发环境(Integrated Development Environmen,IDE)来创建 Java 应用程序。最常用的 IDE 有 Eclipse、Apache NetBeans、IntelliJ IDEA 等。Strange

与其他 Java 库遵循同样的规范，因为这些 IDE 都提供了对 Java 模块系统的支持，所以 Strange 可以直接在这些 IDE 中使用。

> **注意：** 如果你常用的 IDE 有多个版本，一定要选择至少支持 Java 11 的版本。

还有一些开发者不习惯使用 IDE，而是使用命令行工具来创建、维护、执行应用程序。这些应用程序可以利用 Maven、Gradle 等工具编译，依赖项是在单独的文件汇总声明的，如 Maven 使用 pom.xml 文件、Gradle 使用 build.gradle 文件。

绝大部分 IDE 都支持 Maven 和 Gradle。我们假设你熟悉的 IDE 支持 Maven 和 Gradle，并会在示例中使用命令行驱动的 Maven 和 Gradle 项目。你可以在你喜欢的 IDE 中使用命令行，也可以利用特定于某种 IDE 的 Maven 和 Gradle 集成。

A.2　获取和安装示例代码

本书的示例程序位于 GitHub。你可以利用 git clone 命令将其克隆到本地，或者在你喜欢的 IDE 中使用 Git。

克隆存储库的操作会在本地文件系统上创建一个名为 quantumjava 的目录。你会注意到这个目录包含对应于本书章节的子目录。请注意，这些示例中的代码可能会进行更改和改进，若 Strange 库发生更改，示例代码可能也会更改。在撰写本书时，所有代码都是可用的，GitHub 存储库中的 README 文件说明了如果你想验证代码应该怎么做。

A.3　HelloStrange 程序

第 2 章的示例代码位于 ch02 目录下，我们的第 1 个示例是 hellostrange。与其他示例一样，这一示例也可以用你喜欢的 IDE 打开。如前所述，我们在本书中采用 Maven 和 Gradle 命令行方式。但如果你更喜欢在 IDE 中运行，也能得到同样的结果。

运行程序

本书所有示例都可以用 Maven 或 Gradle 执行。Maven、Gradle 等构建工具使得应用程序的编译和运行更简便，也更容易管理代码中的依赖项。这是由于其对传递性的支持：如果你的代码依赖于其他的代码，而所依赖的代码又依赖其他代码，那么编译工具可帮你下载和处理这一切。

利用 Maven

Maven 是一种很稳定的构建工具。利用 Maven 的最新版本，你可以编译运行本书中所有示例，我们期待未来的 Java 版本仍然兼容现在的 Maven 版本。因此建议你安装 Maven，相关信息可参见其官方网站，内容应当一目了然。

安装 Maven 后，可以在命令行使用 mvn 命令。你使用的 IDE 很可能内置了对 Maven 的整合。如果是这样的话，就可以简单地用 IDE 打开任何示例程序并按照一般流程运行。

也可以在命令行中进入示例代码所在的路径，并键入以下命令以运行程序

```
mvn clean javafx:run
```

例如，如果在 ch02/hellostrange 目录下运行，会显示如下输出：

```
[INFO] Scanning for projects...
[INFO]
[INFO] ------------------------------------------------------------
[INFO] Building hellostrange 1.0-SNAPSHOT
[INFO] ------------------------------------------------------------
[INFO]
[INFO] --- maven-clean-plugin:2.5:clean (default-clean) @ helloquantum ---
[INFO] Deleting /home/johan/quantumcomputing/manning/public/quantumjava/ch02
➥ /hellostrange/target
[INFO]
[INFO] >>> javafx-maven-plugin:0.0.7:run (default-cli) > process-classes @
➥ helloquantum >>>
[INFO]
[INFO] --- maven-resources-plugin:2.6:resources (default-resources) @
➥ helloquantum ---
[INFO] Using 'UTF-8' encoding to copy filtered resources.
[INFO]
[INFO] --- maven-compiler-plugin:3.1:compile (default-compile)@helloquantum
[INFO] Changes detected - recompiling the module!
[INFO] Compiling 1 source file ...
[INFO]
[INFO] <<< javafx-maven-plugin:0.0.4:run (default-cli) < process-classes @
➥ helloquantum <<<
[INFO]
[INFO] --- javafx-maven-plugin:0.0.4:run (default-cli) @ helloquantum ---
Using high-level Strange API to generate random bits
-------------------------------------------------------
Generate one random bit, which can be 0 or 1. Result = 1
Generated 10000 random bits, 5085 of them were 0, and 4915 were 1.
[INFO] ------------------------------------------------------------
[INFO] BUILD SUCCESS
[INFO] ------------------------------------------------------------
[INFO] Total time: 2.389 s
```

```
[INFO] Finished at: 2020-10-11T17:02:58+02:00
[INFO] Final Memory: 14M/54M
[INFO] ----------------------------------------------------------------
```

可以看到应用程序的输出和 Maven 的信息混在了一起，如果不想看到这些信息，可以在 mvn 命令中增加 -q 选项，让 Maven 不要输出其操作信息。例如以下命令

```
mvn -q clean javafx:run
```

会返回如下输出：

```
Using high-level Strange API to generate random bits
----------------------------------------------------
Generate one random bit, which can be 0 or 1. Result = 1
Generated 10000 random bits, 4983 of them were 0, and 5017 were 1.
```

利用 Gradle

所有示例程序都包含包装脚本，这些脚本会首先检查系统上是否已经安装了正确的 Gradle 版本。而如果没有，则脚本将自动下载并安装所需版本的 Gradle。

如果使用的是 Linux 或 macOS，Gradle 包装脚本可用以下命令调用

```
./gradlew
```

如果你使用的是 Windows，Gradle 包装脚本可用以下命令调用

```
gradlew.bat
```

运行 hellostrange 示例程序非常简单直接，调用 gradle run 任务即可。为了避免复制 Gradle 二进制程序，示例的根目录下有一个 Gradle 构建文件（其中包含所有章节的子目录）。可以在 Gradle 命令中指定章节和示例名称来运行。在 Linux 和 macOS 中，可以调用

```
./gradlew ch2:hellostrange:run
```

在 Window 中可以使用

```
gradlew.bat ch2:hellostrange:run
```

操作的结果取决于是否已经安装了所要求的 Gradle 版本。如果有，结果应与下面展示信息的类似：

```
To honour the JVM settings for this build a new JVM will be forked. Please
    consider using the daemon.
Daemon will be stopped at the end of the build stopping after processing

> Task :run
```

```
Using high-level Strange API to generate random bits
-----------------------------------------------------
Generate one random bit, which can be 0 or 1. Result = 1
Generated 10000 random bits, 4960 of them were 0, and 5040 were 1.

Deprecated Gradle features were used in this build, making it incompatible
    with Gradle 7.0.
Use '--warning-mode all' to show the individual deprecation warnings.
```

与 Maven 类似，可以加入-q 参数不让 Gradle 输出信息

```
./gradlew -q run
```

运行结果将如下所示：

```
Using high-level Strange API to generate random bits
-----------------------------------------------------
Generate one random bit, which can be 0 or 1. Result = 1
Generated 10000 random bits, 5039 of them were 0, and 4961 were 1.
```

附录 B　线性代数

使用 Strange API 的开发者可以在不处理线性代数的前提下从量子计算中受益。但如果想了解其中发生了什么，就需要具备一定的线性代数基础知识。本书将尽可能减少对线性代数的依赖，其中涉及的运算可分为三类：矩阵与向量的乘法、矩阵乘法、张量积。这个附录不可能是线性代数的导论，只是简单解释矩阵与向量的乘法、矩阵乘法、张量积，如果有兴趣的话，你可以手动检验量子电路的结果。

B.1　矩阵与向量的乘法

输入的量子状态可表示为一个向量，而量子逻辑门可以表示为一个矩阵，通过将逻辑门矩阵与输入状态相乘，就可以得到量子位状态的向量。这可以记为 $y = Ax$，其中 x 是输入状态向量，A 是表示逻辑门的矩阵，而 y 是结果向量。

在下面的解释中，我们不再考虑量子的限制。你在本书中已经学习过，量子状态向量需要满足一些规则（例如，各元素的平方和应当等于 1），但为了解释矩阵与向量的乘法，我们暂时忽略这些限制。

下面是一个简单的例子：

$$x = \begin{bmatrix} 1 \\ 2 \end{bmatrix}$$

$$A = \begin{pmatrix} 1 & 0 \\ -3 & 4 \end{pmatrix}$$

结果向量的求法如下：结果向量 y 包含 n 个元素，其中 n 是向量 x 的长度。我们记 y_i 是向量 y 的第 i 个元素，则 y_i 的值等于矩阵 A 的第 i 行的各元素与向量 x 的对应元素的乘积之和。过程如图 B.1 所示。

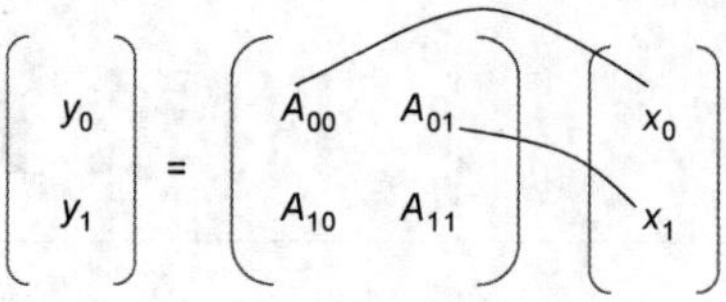

图 B.1 矩阵与向量的乘法

结果如下：

$$y_0 = A_{00}x_0 + A_{01}x_1 = 1 \times 1 + 0 \times 2 = 1$$
$$y_1 = A_{10}x_0 + A_{11}x_1 = -3 \times 1 + 4 \times 2 = 5$$

因此

$$y = \begin{bmatrix} 1 \\ 5 \end{bmatrix}$$

B.2 矩阵乘法

矩阵与向量相乘的原则可以扩展到矩阵乘法，下面只介绍行与列长度相等的方阵。

m 行 m 列的矩阵 A、B 相乘，结果也是一个 m 行 m 列的矩阵 C。矩阵 C 的各元素 C_{ij} 可以通过矩阵 A 的第 i 行的各元素和矩阵 B 的第 j 列的各元素相乘后求和得到。过程如图 B.2 所示。

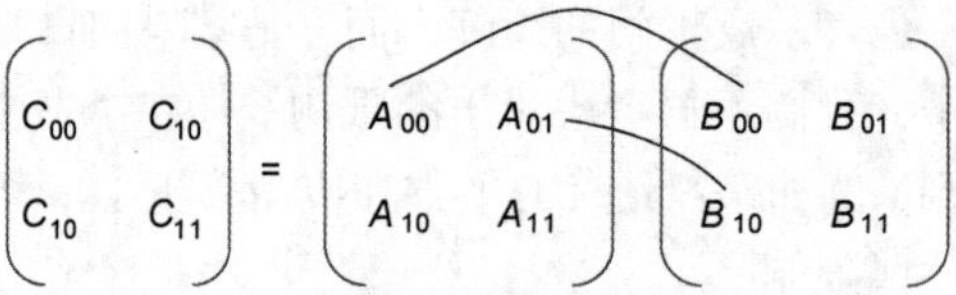

图 B.2 矩阵乘法

来看一个简单的例子，假设有下面的 2×2 矩阵 A、B：

$$A = \begin{pmatrix} 1 & 2 \\ 0 & -3 \end{pmatrix}$$

$$B = \begin{pmatrix} -2 & 2 \\ 1 & -2 \end{pmatrix}$$

矩阵 C 左上角的元素 C_{00} 可以通过将矩阵 A 第 1 行（行 0）的各元素和矩阵 B 的第 1 列（列 0）的各元素相乘后求和得到，结果为：

$$C_{00} = A_{00}B_{00} + A_{01}B_{10} = 1 \times (-2) + 2 \times 1 = 0$$

矩阵的其他元素求法留作练习，如果结果正确，应该得到下面的矩阵 C：

$$C = \begin{pmatrix} 0 & -2 \\ -3 & 6 \end{pmatrix}$$

B.3 张量积

两个矩阵的张量积将它们组合在一起。假设有 k 行 l 列的矩阵 A 和 m 行 n 列的矩阵 B，则 A、B 的张量积是一个 $k \times m$ 行 $l \times n$ 列的矩阵 C。

矩阵 A 的每个元素都要替换成矩阵 A 的这个元素与矩阵 B 相乘的结果。这就解释了为什么新矩阵的行/列数量是原矩阵行/列数量的乘积。图 B.3 示意性地表示了 2 个 2×2 矩阵的张量积。

$$\begin{pmatrix} A_{00} & A_{01} \\ A_{10} & A_{11} \end{pmatrix} \otimes \begin{pmatrix} B_{00} & B_{01} \\ B_{10} & B_{11} \end{pmatrix} = \begin{pmatrix} A_{00}\boldsymbol{B} & A_{01}\boldsymbol{B} \\ A_{10}\boldsymbol{B} & A_{11}\boldsymbol{B} \end{pmatrix}$$

$$= \begin{pmatrix} A_{00}B_{00} & A_{00}B_{01} & A_{01}B_{00} & A_{01}B_{01} \\ A_{00}B_{10} & A_{00}B_{11} & A_{01}B_{10} & A_{01}B_{11} \\ A_{10}B_{00} & A_{10}B_{01} & A_{11}B_{00} & A_{11}B_{01} \\ A_{10}B_{10} & A_{10}B_{11} & A_{11}B_{10} & A_{11}B_{11} \end{pmatrix}$$

图 B.3 矩阵的张量积

以计算 2 个向量的张量积为例，第 1 个向量有 3 个元素，第 2 个向量有 2 个元素。因此结果应该是有 6 个元素的向量（因为向量只有 1 列，因此 $1 \times 1 = 1$，$3 \times 2 = 6$）。

若所给向量为

$$a = \begin{bmatrix} 2 \\ 3 \end{bmatrix}$$

$$b = \begin{bmatrix} -1 \\ 0 \\ 2 \end{bmatrix}$$

则它们的张量积为

$$a \otimes b = \begin{bmatrix} 2\begin{bmatrix} -1 \\ 0 \\ 2 \end{bmatrix} \\ 3\begin{bmatrix} -1 \\ 0 \\ 2 \end{bmatrix} \end{bmatrix} = \begin{bmatrix} -2 \\ 0 \\ 4 \\ -3 \\ 0 \\ 6 \end{bmatrix}$$